甜品时间

杯子蛋糕

【美】雪莉·康顿斯基 著　张云燕 译

Luscious bakeshop
favorites from
your home
kitchen

U0343948

南海出版公司
2015·海口

目录

常用烘焙材料体积质量换算表

成分	1大勺	1小勺	1杯
黄油	13g	4.3g	227~240g
糖	12g	4g	200g
牛奶	14g	4.7g	227g
面粉	7.5g	2.5g	120g
糖粉	7.8g	2.6g	130g
可可粉	7g	2.3g	117g
盐	15g	5g	250g
泡打粉	12g	4g	200g
小苏打	14g	4.7g	235g

注：1大勺=15ml   1小勺=5ml   1杯=250ml

关于杯子蛋糕

　　曾几何时，杯子蛋糕是孩子们的专享。五彩缤纷的装饰让孩子们目不暇接，甜蜜的蛋糕和糖霜让孩子们总也吃不够。更重要的是，杯子蛋糕的食用，从前不用、现在也用不到叉子，它们在杯状模具中烘烤，大小刚好够一个人吃，不用担心分享的问题。所以孩子们有什么理由不爱杯子蛋糕呢？

　　久而久之，伴随着杯子蛋糕的受欢迎程度飙升，大人们意识到他们错过了这些美味。现在，在精品面包店、高级餐馆中都可以买到时尚、别致的杯子蛋糕。没有规定要求杯子蛋糕在特别的场合下食用。它可以放在午餐盒中给同学一个惊喜，可以作为周日的夜间点心，或者在朋友小聚时享用，任何时间都是合适的。

　　在本书中，你可以找到各种口味的蛋糕食谱。对于较传统的人来说，书中有黄色蛋糕（见第18页）加巧克力奶油（见第99页）。有经典的黑森林蛋糕（见第61页）和提拉米苏蛋糕（见第81页）。针对挑剔的大人们，还有红茶蜂蜜蛋糕（见第28页）和咸焦糖蛋糕（见第79页）。孩子们会喜欢花生酱果酱蛋糕（见第54页）和石板街蛋糕（见第73页）。当然，你也一定会有新的创意来装饰蛋糕，这些创意必定是现代、简约、典雅的。

名称的由来

目前关于杯子蛋糕名称的由来有两种说法。一种是说因为它们在小的杯子或茶杯中被烘烤，制成独立的蛋糕。另一种说法和磅蛋糕的名称来源相似，以公式或配方中所用材料的单位来命名：一杯黄油、一杯糖、一杯面粉和一杯鸡蛋。

如何烘烤坚果

在使用之前先将坚果烘烤好是一个好主意。烘烤可以提升坚果的味道和香气，还可以带来松脆的口感。将整颗或切碎的坚果放在烤箱中烤，如果你已经开始烘烤蛋糕，烤箱是热的，就可以简单地将坚果在烤盘中分散开来，把它们放在烤箱中烤约10分钟。为了确保烘烤均匀要搅动1~2次。坚果爆香后注意别烤焦，冷却后备用。

所需食材

黄油　在烘焙时用纯黄油是最好不过的了。制作杯子蛋糕和糖霜时，要确保使用无盐黄油。无盐黄油方便我们控制配方中盐的用量。在包装上，无盐黄油有时也会贴上"甜"的标签。为获得最佳效果，请不要使用黄油替代物，黄油替代物不仅会影响口感，还会影响蛋糕的质感。

面粉　在做蛋糕时有两种面粉比较常用：中筋面粉和低筋面粉。中筋面粉比低筋面粉的蛋白质含量高，做出的蛋糕的口感更结实。如果想得到丝绒般超嫩的蛋糕口感，低筋面粉会更合适。如果没有低筋面粉，则可以在需要一杯低筋面粉时，用⅞杯（¾杯加2大勺）中筋面粉加上2大勺玉米淀粉替代。

糖　糖不仅赋予了蛋糕甜味，还可以使蛋糕更松软和湿润，而且在烘烤时促使蛋糕变为褐色。砂糖在烘焙中最常用。黄糖含有糖蜜，可以使蛋糕滋润且有焦糖般的口感。在制作味道浓郁的蛋糕时使用最佳。糖粉由砂糖粉碎后和玉米淀粉混合而成，糖粉常用于淋浆、糖霜或者在使用前洒在甜点上。

鸡蛋　本书配方中均使用大鸡蛋。如果需要将蛋黄蛋白分开，可以在其刚从冰箱中取出时进行，因为这个时候蛋黄比较稳定。如果想要打发蛋白，必须先将蛋白与蛋黄和脂肪分开，在分离鸡蛋时需要小心，并且确保搅拌时使用的碗和搅拌器都是干净的。

小苏打和泡打粉　小苏打和泡打粉是烘烤蛋糕面糊时必需的膨松剂。如果面糊中含有酸性成分如牛奶和酸奶，就使用小苏打。如果没有酸性成分可以使用泡打粉。在准备使用泡打粉之前要先检查是否过期，过期的泡打粉起不到应有的膨胀作用。

所需工具

电动搅拌机　电动搅拌机是甜点师不可缺少的帮手。很多蛋糕面糊的制作必须使用搅拌机，大部分糖霜的制作也需要电动搅拌机。立式搅拌机解放了甜点师的手，比手动搅拌机高效得多，而且由于发动机的作用，可以将厚重的面糊和糖霜搅拌均匀。本书配方中所使用的搅拌机均为立式搅拌机。

蛋糕纸杯托　蛋糕纸杯托种类多样，有纯色的、印花图案的、色调柔和的、色调鲜明的和由闪亮箔片制成的。如果杯子蛋糕模具有不粘性，不一定需要使用蛋糕纸杯托，但是蛋糕纸杯托可以帮助我们轻松地从杯子蛋糕模具中取出蛋糕，而且清理方便。本书中有些蛋糕没有使用蛋糕纸杯托。

杯子蛋糕模具　标准的杯子蛋糕模具是12连杯的，每个约有½杯面糊容量。巨型杯子蛋糕模具则是6连杯的，每杯有¾杯面糊容量。迷你

食用色素
从超市购买标准液体食用色素，可以将基本颜色混合起来创造新的颜色。食用色素膏和凝胶可以在食品专卖店买到，而且颜色多样不用混合。这些膏状物是浓缩型，所以使用少量即可。比如想使奶油染色，可以将小刀尖端伸入食用色素膏中，然后搅拌。请记住柔和的色调更有吸引力，而且颜色可以加深但不能变淡。

杯子蛋糕模具是24连杯的，每个约需3大勺面糊。本书的大多数蛋糕在标准杯子蛋糕模具中烘烤，只有少数在巨型或迷你模具中烘烤。

冰淇淋勺　薄而易流动的面糊很容易被分装到模具中，但是那些厚重的面糊就需要一个冰淇淋勺，尤其是弹簧式冰淇淋勺。用弹簧式冰淇淋勺只需按下拇指就可以很容易将面糊舀入模具中。

硅胶刮刀　硅胶刮刀是不可或缺的厨房用具。其宽而灵活的刀面可以将碗中的面糊刮出或者整理平整。同橡胶刮刀不同，硅胶刮刀具有隔热性和防污性，而且不会使食物气味互相沾染。硅胶刮刀有大、中、小各种尺寸，选择一款适合你烘烤或者烹饪的尺寸。

制作和烘焙面糊

制作蛋糕面糊时，各种材料的温度非常重要。冷而硬的黄油很难搅拌开，冷的鸡蛋很难与其他材料混合。仔细阅读食谱，注意哪些冷冻食材需要事先取出放在室温下。在着急时候，你可以用微波炉软化黄油（使用低功率，设置5~10秒钟），还可以将冷的蛋放在温水中几分钟使其温度上升。在开始搅拌前，称量好各种食材，这样就不用中途停下来翻箱倒柜找材料了。许多面糊是用电动搅拌机搅拌而成的。其他的是用手持打蛋器或者木勺搅拌的。无论使用什么搅拌方法，一旦干湿配料融合即可停止搅拌，过度搅拌会使蛋糕

起筋过硬。

烘烤蛋糕时最好将蛋糕放在烤箱中心。如果你的烤箱加热不均匀或者有热点，烘烤至中途时要轻轻旋转模具使蛋糕受热均匀、充分膨胀。要看蛋糕是否烘烤充分，可将牙签或者针插入其中一个蛋糕中心。若取出后牙签或者针是干净的，则说明蛋糕已经烤好。

填充馅料或添加糖霜

馅料的填充使简单的蛋糕口感变得丰富而别致。一些蛋糕，如黑白蛋糕（见第70页），要将馅料填充后再烘烤，其他的蛋糕，如椰子酸橙蛋糕（见第49页）则是在蛋糕烘烤好冷却后才加入馅料的。馅料填充和蛋糕烘烤的先后取决于馅料的类型。较硬的奶酪可以进行烘烤，较软的奶酪则不行。

在给蛋糕添加糖霜时，要确保糖霜是柔软且易涂开的。如果用的是奶油糖霜，应将奶油糖霜先置于室温下。用黄油刀或者带有裱花嘴的裱花袋都可以很容易地为蛋糕涂上糖霜。尖顶、漩涡等造型使蛋糕看上去更具质感。如果想使蛋糕更美观，还可以在蛋糕顶部加上装饰，如椰丝（烘烤或未烘烤的）、碎坚果、新鲜浆果、蜜饯柑橘皮、糖花、巧克力片、彩色糖粒，或者任何你能想到的新配料。

裱花袋的填充

如果准备用裱花袋来给蛋糕加糖霜，那么要选择一个容量较大的袋子，这样不用中途反复填充（对蛋糕来说，31cm或36cm大小最合适）。在袋子尖端装上合适大小的裱花嘴，然后使劲拧紧裱花袋，将宽口处向里折7cm～9cm。将准备好的糖霜放入袋中，将糖霜推至顶端处，至有少许糖霜流出或尖端气泡全部消除为止。

准备要填充馅料和加糖霜的蛋糕

如果没有填充馅料或者加上糖霜，它们只是普通的小蛋糕，但经过加工就大不一样了。在加工前，先要确保蛋糕已经完全冷却至室温。热的蛋糕和冷的蛋糕质感不同，热量可能将馅料或糖霜融化，所以处理起来较麻烦。

冷却蛋糕 在填充馅料或者加糖霜前，先要确保蛋糕已经完全冷却，否则热量可能将馅料或糖霜融化。无论蛋糕在不在杯子蛋糕模具中，冷却它们的最好办法都是将它们放在架子上，空气的流动可以使蛋糕快速冷却下来。

切开蛋糕 要将蛋糕切开，在两层间加入馅料，可以用一个削皮刀慢慢地将蛋糕横切为两半，切的时候要稳，使得切面平滑。如果想更好看，还可以在蛋糕顶部加上装饰物，与切割面相呼应。

挖空蛋糕 将杯子蛋糕掏空后可以填充馅料。用一个小的削皮刀在蛋糕中旋转，挖出一个深度为2.5cm，直径约为3.8cm的洞。然后将挖出的蛋糕丢弃或者放置一旁备用。

加糖霜的基本技巧

糖霜的添加可以说简单也可以说复杂。最简单的方法就是在顶部加上常见的高发髻状糖霜。山峰和漩涡状的外形十分有趣。光滑的外表使蛋糕更加优雅和精致。不必使用特别的或者复杂的工具，用你厨房抽屉中现有的一两种工具即可。

刮刀 加糖霜时用一个把刃长约9cm的刮刀最合适。先将一团糖霜放在蛋糕中央，然后用刮刀将糖霜涂开。刮刀的顶部可以刮出漩涡，薄而平的刀刃可以刮出光滑的表面。

勺子 给蛋糕加糖霜时，勺子是十分有用的工具。如果可能的话，选择浅而宽、顶端呈圆形的勺子。用勺子取一勺糖霜放在蛋糕中央，然后用勺子背面将糖霜涂开。用勺子前端的背面可以制造出漩涡。

冰淇淋勺 在给蛋糕加糖霜时，用弹簧式冰淇淋勺既省时又简单。选一个直径约为5cm的勺子取出一勺糖霜，放在蛋糕上面。然后慢慢地用勺背将糖霜压平，并涂开至边缘处。

基本的裱花技巧

即使是做蛋糕的新手也可以用裱花袋做出精美的蛋糕，甚至可与蛋糕房出品的蛋糕相媲美。先在一个干净的盘子中稍加练习。当觉得可以开始时，将练习用的糖霜加入裱花袋中，可再次使用。奶油糖霜和奶油乳酪糖霜是最常用来裱花的糖霜。

圆形花嘴 大的圆形花嘴可挤出螺旋形糖霜，这是一种简洁又简单的造型。裱花袋以螺旋形运动，先外圈后里面，整个过程均匀用力。底层完成后继续在上层均匀用力，直至形成糖霜顶。运动至蛋糕顶部中心处时结束。

星形花嘴 用大开口的星形花嘴可以制造漩涡形的效果。从边缘处开始，握住裱花袋均匀用力，转圈式移向内侧，可以使圆圈重叠向上，最后在中心处停止。在准备提起裱花袋前，停止用力。

叶形花嘴 大的叶形花嘴可以制造波纹型的缎带效果。将开口端垂直于蛋糕，然后均匀用力在蛋糕上挤上糖霜。按Z字形运动，自中心运动到边缘。旋转蛋糕，将整个蛋糕顶层都涂满糖霜。

可爱的裱花图案

如果你习惯用裱花袋，并配有几个不同类型的裱花嘴，那么你可以试着创造一些简单而可爱的图案。先在干净的盘子上练习。熟练以后，就可以直接在蛋糕上试试，将练习用的糖霜放回裱花袋中，可重复使用。

圆点　用大的扁平花嘴挤出圆点。将裱花袋垂直提起，从花嘴中挤出圆点。先在蛋糕边缘点出圆点，然后在中心处，最后在上层点上圆点，上层圆点可集中在中心处。

星星　要用星星花型装饰蛋糕，就要用大的星形花嘴。将裱花袋握住，垂直提起，使裱花袋垂直于蛋糕表面。在蛋糕顶部挤出星星图案，然后慢慢地提起尖端，离开蛋糕。再用相同方法在蛋糕顶部挤满星星。

缎带　用大的织篮型花嘴可以挤出折叠型的缎带状。倾斜一定的角度，使挤出的缎带图案凹面朝上。动作要连续，先从蛋糕靠近中心的 ⅓ 处开始，拉出缎带图案，然后再折叠；继续从另一半开始，再将缎带折叠，始终使缎带的凹面朝上。

用淋浆装饰蛋糕

用淋浆来装饰蛋糕，方法多种多样。最好在平坦的蛋糕顶部进行。可以单独淋上一层巧克力或者香草酱，或者也可以将这一层作为基础，在上面再加一些其他的设计图案。如果打算在底层淋浆上加图案，第二种淋浆要选择对比色，用烘焙纸袋来裱花再合适不过了；如果没有，也可以选择带有细小裱花嘴的裱花袋。

波点 要做出波点蛋糕，只要在已经加了淋浆的蛋糕顶部点上对比色的小点即可。圆点可以排列规律、大小相同，也可以大小不同，不按规律放置。可以选择只有一种颜色的波点，用同一种淋浆，如果你喜欢，也可以用多种颜色的淋浆，点出俏皮的多色圆点。

图案 在加了淋浆的蛋糕顶部挤出图案，可以创造个性化的图案。夸张的卷曲和漩涡让普通的字母灵动起来（如果觉得手法不够稳，可以先在盘子或者烤盘上练习。但是练习后的淋浆会变干，不可以像糖霜那样重复使用）。

蜘蛛网 要画出蜘蛛网，就要先在加了淋浆的蛋糕顶部画同心圆。用牙签或者削皮刀的尖端轻轻地从中间划向边缘，也可以偶尔改变方向。要使外观干净，可以在每次画完一条后将尖端擦净后再画下一条。

其他装饰

只要稍稍展开想象力，就会发现杯子蛋糕的装饰方法多种多样，我们可以充分应用想象力为蛋糕增加不同的色彩、纹理和艺术效果。具体怎么装饰要看你愿意花多少功夫，可以简简单单地在上面放上彩色糖果，也可以淋上复杂抽象的焦糖装饰图案。

糖果 用一个配有星形花嘴的裱花袋挤出小的星星或者玫瑰花，然后小心地将彩色糖果或者其他装饰品放在星星或者花的中心。挤出的星形或者花的大小要和糖果大小相匹配，可以根据不同场合选择不同颜色的糖果。

巧克力卷 要制作巧克力卷，先用微波炉的75%功率挡时将一块巧克力加热5~10秒钟，然后用蔬菜削皮器沿着其长度方向运动。做出的巧克力卷可以冷藏1周。在处理巧克力卷的时候要小心，因为手的温度可能会使巧克力融化。

焦糖图案 要用焦糖图案装饰蛋糕，可以在烤盘中先铺上烘培纸或者不粘烘焙垫。取一只平底锅，加入1杯糖，用中高火加热至糖变成琥珀色。然后小心地用勺子将焦糖糖浆淋在烤盘中。待焦糖冷却后，再小心地将图案取下来放在蛋糕顶部。

基础蛋糕

香草蛋糕 ●

香草蛋糕是最适合搭配各种馅料和糖霜的基础蛋糕。如果想得到浓郁的口感和香味，可以选用纯香草精，更好的方法是同时加入香草籽和香草精。

配料：

1¼杯中筋面粉

1½小勺泡打粉

¼小勺盐

¾杯糖

6大勺无盐黄油，置于室温下

1只大鸡蛋，加上1个蛋白，置于室温下

1小勺香草精

½杯全脂牛奶

香草奶油（见第99页）

彩色糖球和糖果，装饰用（可选）

约制成蛋糕12个

1. 将烤架放置在烤箱中间，并将烤箱预热至180℃。在标准的12杯杯子蛋糕模具中放上纸杯托。

2. 将面粉、泡打粉和盐在碗中混合。

3. 再取一只较大的碗，放入黄油和糖，用电动搅拌机的中高速挡搅拌至混合物变得轻盈蓬松，用时2～3分钟。

4. 在混合物中分别加入鸡蛋和蛋白，每次加入后都用低速挡搅拌至混合物均匀，然后加入香草精。

5. 分3次将粉类混合物倒入黄油混合物中，分2次加入牛奶，低速搅拌至融合。将粘在碗边的面糊刮到碗中，然后用中高速挡搅拌至看不到干面粉，用时约30秒，不要过度搅拌。

6. 将面糊均匀地分装到模具中，每杯约¾满即可。烘烤至蛋糕呈浅金色，牙签插入后取出不粘面糊即可，用时18～20分钟。将杯子蛋糕模具放在架子上冷却5分钟，然后将蛋糕取出，转移到架子上直至完全冷却，用时约1小时。

7. 用奶油糖霜装饰蛋糕（装饰后的蛋糕放在密封容器中可冷藏保存3天，食用前先置于室温下）。最后还可以用彩色糖球或者糖果装饰，这样美味的杯子蛋糕就完成了。

黄色蛋糕

奶香浓郁而松软的黄色蛋糕非常受欢迎。丝绸般柔滑的巧克力奶油是黄色蛋糕的经典搭配。其实任何糖霜和黄色蛋糕搭配起来，味道都不错。

配料：

1¼杯中筋面粉

1¼小勺泡打粉

¼小勺盐

¾杯糖

6大勺无盐黄油，置于室温下

2只大鸡蛋，置于室温下

1小勺香草精

⅓杯全脂牛奶

巧克力奶油（见第99页）

约制成蛋糕12个

1. 将烤架放置在烤箱中间，并将烤箱预热至180℃。在标准的12杯杯子蛋糕模具中放上纸杯托。

2. 将面粉、泡打粉和盐在碗中混合。

3. 再取一只较大的碗，放入黄油和糖，用电动搅拌机的中高速挡搅拌至混合物变得轻盈蓬松，用时2～3分钟。

4. 在混合物中分别加入鸡蛋和香草精，搅拌至混合。

5. 分3次将面粉混合物倒入黄油混合物中，分2次加入牛奶，低速搅拌至融合。将粘在碗边的面糊刮到碗中，然后用中高速挡搅拌至看不到干面粉，用时约30秒，不要过度搅拌。

6. 将面糊均匀地分装到模具中，每杯约¾满即可。烘烤至蛋糕呈浅金色，牙签插入后取出不粘面糊即可，用时18～20分钟。将杯子蛋糕模具放在架子上冷却5分钟，然后将蛋糕取出，转移到架子上直至完全冷却，用时约1小时。

7. 用奶油糖霜装饰蛋糕（装饰后的蛋糕放在密封容器中可冷藏保存3天，食用前先置于室温下）。

巧克力蛋糕 ··

要想做出美味的巧克力蛋糕，有两个秘诀。无糖可可粉和半甜巧克力混合可以带来浓郁的巧克力风味，手工搅拌可以制造出顺滑柔润的口感。

配料：

⅔杯中筋面粉

2½大勺无糖可可粉

¾小勺泡打粉

¼小勺盐

85g半甜巧克力，切碎

½杯加3大勺无盐黄油，切成片

¾杯加2大勺糖

3只大鸡蛋，置于室温下

1小勺香草精

咖啡、巧克力或者香草奶油（见第99页）

碎巧克力，装饰用（可选）

约制成蛋糕12个

1. 将烤架放置在烤箱中间，并将烤箱预热至180℃。在标准的12杯杯子蛋糕模具中放上纸杯托。

2. 将面粉、可可粉、泡打粉和盐在碗中混合。

3. 在锅中倒入沸水，然后取一只较大的隔热碗放在沸水上（不接触锅底），放入黄油和巧克力，不停搅拌至柔滑，用时约5分钟。将隔热碗从锅中取出，冷却至室温，需10~15分钟。

4. 将糖加入巧克力混合物中，用木勺搅拌至融合。逐个加入鸡蛋，每次加入后都要搅拌至融合。

5. 加入香草精搅拌。再将面粉混合物慢慢倒入巧克力混合物中，搅拌至看不到干面粉。不要过度搅拌。

6. 将面糊均匀地分装到模具中，每杯约¾满即可。烘烤至蛋糕呈浅金色，牙签插入后取出不粘面糊或只粘有极少面糊即可，用时22~24分钟。将杯子蛋糕模具放在架子上冷却5分钟，然后将蛋糕取出，转移到架子上直至完全冷却，用时约1小时。

7. 用奶油糖霜装饰蛋糕（装饰后的蛋糕放在密封容器中可冷藏保存3天，食用前先置于室温下），还可以在食用前撒上碎巧克力装饰。

魔鬼蛋糕

美味的巧克力淋浆提升了魔鬼蛋糕的浓郁味道。在蛋糕顶部放上任何口味的奶油（见第99页），蛋白酥皮（见第102页）或者棉花糖霜（见第103页）都是不错的选择。

配料：

1杯中筋面粉

¼杯无糖可可粉

¾小勺小苏打

¼小勺盐

½杯砂糖

½杯黄糖

4大勺无盐黄油，置于室温下

1只大鸡蛋，置于室温下

1小勺香草精

½杯温水

¼杯酪乳

巧克力淋浆（见第105页）

糖花（见第110页，可选）

约制成蛋糕12个

1. 将烤架放置在烤箱中间，并将烤箱预热至180℃。在标准的12杯杯子蛋糕模具中放上纸杯托。

2. 将面粉、可可粉、小苏打和盐在碗中混合。

3. 再取一只碗，放入黄油、砂糖和黄糖，用电动搅拌机的中高速挡搅拌至混合物变得轻盈蓬松，用时2~3分钟。

4. 在混合物中分别加入鸡蛋和香草精，分3次将面粉混合物倒入黄油混合物中，加入酪乳和水，低速搅拌至融合。将粘在碗边的面糊刮到碗中，然后用中高速挡搅拌至看不到干面粉，用时约30秒，不要过度搅拌。

5. 将面糊均匀地分装到模具中，每杯约¾满即可。烘烤至蛋糕呈浅金色，牙签插入后取出不粘面糊即可，用时18~20分钟。将杯子蛋糕模具放在架子上冷却5分钟，然后将蛋糕取出，转移到架子上直至完全冷却，用时约1小时。

6. 将巧克力淋浆淋到蛋糕顶部（装饰后的蛋糕放在密封容器中可冷藏保存4天，食用前先置于室温下），还可以在食用前用一些糖花来装饰。

胡萝卜蛋糕 •••••••••••••••••••••••••••••••••••

蛋糕柔润清香，顶部是香甜浓郁的奶油乳酪糖霜，烘烤出来当天食用十分美味。如果能提前1~2天做好，待味道完全融合后，味道会更好。

配料：

1½杯中筋面粉

1小勺泡打粉

½小勺小苏打

½小勺盐

½小勺肉桂粉

1½杯切碎的胡萝卜（约3根胡萝卜）

1杯糖

¾杯植物油

2只大鸡蛋，置于室温下

¼杯酪乳

½小勺香草精

奶油乳酪糖霜（见第100页）

蜜饯胡萝卜（见第111页），可选

约制成蛋糕12个

1. 将烤架放置在烤箱中间，并将烤箱预热至180℃。在标准的12杯杯子蛋糕模具中放上纸杯托。

2. 将面粉、泡打粉、小苏打、盐和肉桂粉在碗中混合。

3. 再取一只碗，放入碎胡萝卜、糖、油、鸡蛋、酪乳和香草精混合，搅拌至融合。用橡胶刮刀将面粉混合物刮到胡萝卜混合物中，搅拌至完全融合。

4. 将面糊均匀地分装到模具中，每杯约⅔杯满即可。烘烤至蛋糕呈金棕色，牙签插入后取出不粘面糊即可，用时20~25分钟。将模具放在架子上冷却5分钟，然后将蛋糕取出，转移到架子上直至完全冷却，用时约1小时。

5. 将奶油乳酪糖霜涂在蛋糕顶部（加了糖霜后的蛋糕放在密封容器中可冷藏保存5天，食用前先置于室温下），还可以在食用前放一些蜜饯胡萝卜装饰。

姜味蛋糕

香料的加入使得鲜姜味道十分浓郁，如果想要获得更浓烈的口感，可以在浇柠檬淋浆前在淋浆中加入1小勺磨碎的鲜姜。

配料：

1¼杯中筋面粉

1¼小勺泡打粉

1小勺姜粉

1小勺肉桂粉

¼小勺甘椒粉

1小撮现磨肉豆蔻

¼小勺盐

½杯黄糖

⅓杯金黄糖浆

4大勺无盐黄油，置于室温下

1只大鸡蛋，置于室温下

2小勺磨碎鲜姜

⅓杯全脂牛奶

柠檬淋浆（见第106页）

约制成蛋糕12个

1. 将烤架放置在烤箱中间，并将烤箱预热至180℃。在标准的12杯杯子蛋糕模具中放上纸杯托。

2. 将面粉、泡打粉、姜粉、肉桂粉、甘椒粉、肉豆蔻和盐在碗中混合。

3. 再取一只碗，放入黄糖和糖浆，用电动搅拌机的中高速挡搅拌至混合物变得轻盈蓬松，用时2～3分钟。

4. 在混合物中加入鸡蛋和鲜姜，搅拌至混合物融合。

5. 分3次将面粉混合物倒入黄油混合物中，分2次加入牛奶，低速搅拌至融合。将粘在碗边的面糊刮到碗中。

6. 将面糊均匀地分装到模具中，每杯约¾满即可。烘烤至牙签插入后取出不粘面糊即可，用时约20分钟。将杯子蛋糕模具放在架子上冷却5分钟，然后将蛋糕取出，转移到架子上直至完全冷却，用时约1小时。

7. 将柠檬淋浆涂到蛋糕顶部即可（装饰后的蛋糕放在密封容器中可冷藏保存4天，食用前先置于室温下）。

摩卡蛋糕 ●●●●●●●●●●●●●●●●●●●●●●●●●●●●●●●●●●

这款蛋糕中咖啡和巧克力的完美结合诱惑着成年人的味蕾。蛋糕顶部有咖啡豆，咖啡豆被切碎的巧克力覆盖着。它们的组合不仅装饰了蛋糕，更提升了味道。

配料：

1⅓杯中筋面粉

⅓杯无糖可可粉

1小勺泡打粉

½小勺小苏打

¼小勺盐

½杯全脂牛奶

½杯现煮浓咖啡，置于室温下

½杯无盐黄油，置于室温下

½杯砂糖

½杯黄糖

1只大鸡蛋，置于室温下

咖啡奶油（见第99页）

约制成蛋糕12个

1. 将烤架放置在烤箱中间，并将烤箱预热至180℃。在标准的12杯杯子蛋糕模具中放上纸杯托。

2. 将面粉、可可粉、泡打粉、小苏打和盐混合筛到碗中。

3. 再取一只小碗，放入牛奶和咖啡混合，取一只中等大小的碗，将黄油和糖混合，用电动搅拌机的中高速挡搅拌至混合物变得轻盈蓬松，用时2~3分钟。

4. 在打发的黄油中加入鸡蛋，搅拌至融合。

5. 分3次将面粉混合物倒入黄油混合物中，分2次加入牛奶混合物，低速搅拌至混合物融合。将粘在碗边的面糊刮到碗中。

6. 将面糊均匀地分装到模具中，每杯约¾满即可。烘烤至牙签插入后取出不粘面糊即可，用时22~24分钟。将杯子蛋糕模具放在架子上冷却5分钟，然后将蛋糕取出，转移到架子上直至完全冷却，用时约1小时。

7. 用咖啡奶油糖霜装饰蛋糕（装饰后的蛋糕放在密封容器中可冷藏保存3天，食用前先置于室温下）。

红茶蜂蜜蛋糕

红茶的香和蜂蜜的甜赋予了蛋糕独特的味道，金色蜂巢的装饰别致而美丽。在天然食品商店买蜂巢，如果买不到，可以简单地在蛋糕上滴几滴蜂蜜替代。

配料：

3个红茶茶包

⅔杯沸水

1¼杯中筋面粉

¾杯黄糖

1小勺小苏打

¼小勺盐

¼杯蜂蜜

4大勺无盐黄油，融化

¼杯酪乳

1只大鸡蛋，置于室温下

蜂蜜掼奶油（见第104页）

蜂巢，切成2.5cm大小，装饰用（可选）

约制成蛋糕12个

1. 将烤架放置在烤箱中间，并将烤箱预热至180℃。在标准的12杯杯子蛋糕模具中铺上烘焙纸。取一个小碗，将茶包浸在沸水中，约5分钟。取出茶包，将红茶冷却至室温。

2. 将面粉、黄糖、小苏打和盐混合筛到碗中。

3. 再取一只大碗，放入蜂蜜、融化的黄油、酪乳和鸡蛋。加入面粉混合物，用电动搅拌机的中速挡搅拌至混合物融合，用时约2分钟。

4. 加入冷却的红茶，搅拌至混合物融合，将粘在碗边的面糊刮到碗中。

5. 将面糊均匀地分装到模具中，每杯约¾满即可。烘烤至牙签插入中心后取出不粘面糊即可，用时18～20分钟。将杯子蛋糕模具放在架子上冷却5分钟，然后将蛋糕取出，转移到架子上直至完全冷却，用时约1小时（未加糖霜的蛋糕放在密封容器中可冷藏保存3天，在加糖霜和装饰前取出置于室温下）。

6. 用蜂蜜奶油糖霜装饰蛋糕，还可以用蜂巢片装饰。

金宝酥粒蛋糕

金宝酥粒作为顶料撒在蛋糕上。最适合那些喜爱咖啡蛋糕上的顶料远胜过蛋糕本身的人。当然，再搭配一杯咖啡就更加完美了。

顶料配料：

1¼杯中筋面粉

½杯黄糖

1½小勺肉桂粉

¼小勺盐

¾杯无盐黄油，置于室温下

蛋糕配料：

1杯中筋面粉

½小勺泡打粉

½小勺小苏打

¼小勺盐

½杯砂糖

4大勺无盐黄油，置于室温下

1只大鸡蛋，置于室温下

1小勺香草精

½杯酪乳

约制成蛋糕12个

1. 将烤架放置在烤箱中间，并将烤箱预热至180℃。在标准的12杯杯子蛋糕模具中喷上防粘喷雾。

2. 制作顶料。将面粉、黄糖、肉桂粉和盐放在碗中混合。黄油切成小块，用黄油切刀或两把餐刀将所有材料搅拌成湿润的颗粒状（顶料放在密封容器中可冷藏保存4天）。

3. 将面粉、泡打粉、小苏打和盐在碗中混合搅拌。

4. 再取一只碗，将黄油和砂糖混合，用电动搅拌机的中高速挡搅拌至混合物变得轻盈蓬松，用时2～3分钟。然后加入鸡蛋和香草精搅拌至融合。

5. 分3次将加入酪乳，分2次加入面粉混合物，低速搅拌至融合。将粘在碗边的面糊刮到碗中。

6. 将面糊均匀地分装到模具中，每杯约½杯满即可，顶部均匀地撒上金宝酥粒。然后烘烤至蛋糕呈金棕色，牙签从中心插入后取出不粘面糊即可，用时18～20分钟。

7. 将杯子蛋糕模具放在架子上冷却5分钟，然后将蛋糕取出，转移到架子上直至完全冷却，用时约1小时。在室温下享用（蛋糕放在密封容器中可室温下保存4天）。

草莓蛋糕

新鲜草莓和草莓酱的加入赋予了蛋糕新鲜的草莓味道，仿佛是刚刚采摘下来的草莓一般。几滴红色食用色素创造出柔和的淡粉色调。装饰时请选择外形最好的草莓。

配料：

2大勺草莓酱或冻草莓

¼杯新鲜切碎的草莓，

留出12颗完整的草莓，装饰用

1¼杯中筋面粉

1¼小勺泡打粉

¼小勺盐

¾杯糖

½杯无盐黄油，置于室温下

3只大鸡蛋的蛋白，置于室温下

½小勺香草精

4滴红色食用色素

⅓杯全脂牛奶

草莓奶油（见第99页）

约制成蛋糕12个

1. 将烤架放置在烤箱中间，并将烤箱预热至180℃。在标准的12杯杯子蛋糕模具中放上纸杯托。取一只小碗，混合草莓酱和草莓。

2. 将面粉、泡打粉和盐在碗中混合。

3. 再取一只碗，放入糖和黄油，用电动搅拌机的中高速挡搅拌至混合物变得轻盈蓬松，用时2～3分钟。再加入蛋白、香草精和红色食用色素，搅拌至融合。

4. 分3次将面粉混合物倒入黄油混合物中，分2次加入牛奶，低速搅拌至融合。将粘在碗边的面糊刮到碗中。再加入草莓混合物搅拌至融合。

5. 将面糊均匀地分装到模具中，每杯约¾满即可。烘烤至蛋糕呈浅棕色，牙签插入中心后取出不粘面糊即可，用时约25分钟。将杯子蛋糕模具放在架子上冷却5分钟，然后将蛋糕取出，转移到架子上直至完全冷却，用时约1小时。

6. 用奶油糖霜装饰蛋糕（装饰后的蛋糕放在密封容器中可冷藏保存3天，食用前先置于室温下），最后在每个杯子蛋糕上放一颗草莓，就可以享用了。

柠檬罂粟籽蛋糕

蛋糕散发着新鲜的柠檬香味。柠檬精华来自于磨碎的柠檬皮、柠檬汁和酸甜的柠檬淋浆。罂粟籽带来了别致的口感。可以搭配新泡的茶来享用这道甜点。

配料：

1杯中筋面粉

1½大勺罂粟籽

1小勺泡打粉

¼小勺盐

¾杯糖

½杯加2大勺无盐黄油，置于室温下

2只大鸡蛋，置于室温下

1小勺新鲜磨碎的柠檬皮

½小勺柠檬香精

¼杯酸奶油

柠檬淋浆（见第106页）

约制成蛋糕12个

1. 将烤架放置在烤箱中间，并将烤箱预热至180℃。在标准的12杯杯子蛋糕模具中放上纸杯托。

2. 将面粉、罂粟籽、泡打粉和盐在碗中混合。

3. 再取一只碗，放入糖和黄油，用电动搅拌机的中高速挡搅拌至混合物变得轻盈蓬松，用时2~3分钟。加入鸡蛋、柠檬皮、柠檬香精，搅拌至融合。

4. 将面粉混合物倒入黄油混合物中，低速搅拌至融合，约1分钟。加入酸奶油，搅拌至柔滑。将粘在碗边的面糊刮到碗中。

5. 将面糊均匀地分装到模具中，每杯约¾满即可。烘烤至蛋糕呈金棕色，牙签插入中心后取出不粘面糊即可，用时18~20分钟。将杯子蛋糕模具放在架子上冷却5分钟，然后将蛋糕取出，转移到架子上直至完全冷却，用时约1小时。

6. 将柠檬淋浆浇到蛋糕顶部即可享用（装饰后的蛋糕放在密封容器中可冷藏保存4天，食用前先置于室温下）。

水果&坚果蛋糕

三色浆果蛋糕 ●●●●●●●●●●●●●●●●●●●●●●●●●●●●●●●●●●

香草蛋糕中心是覆盆子果酱，烘烤后带来令人愉悦的香气。顶部的奶油乳酪糖霜和新鲜浆果相得益彰。夏天的浆果是最美味的，所以这款蛋糕在夏天食用再合适不过了。

配料：

香草蛋糕的面糊（见第17页）

¼杯覆盆子果酱

奶油乳酪糖霜（见第100页）

约655g混合浆果，如覆盆子、黑莓、草莓和蓝莓

约制成蛋糕12个

1. 将烤架放置在烤箱中间，并将烤箱预热至180℃。在标准的12杯杯子蛋糕模具中放上纸杯托。

2. 将面糊均匀地分装到模具中，每杯约¾满即可。

3. 每杯中加入1小勺覆盆子果酱（烘烤后果酱会沉下去）。烘烤至蛋糕呈金棕色，牙签插入中心后取出只粘有少量面糊和果酱即可，用时18～20分钟。

4. 将杯子蛋糕模具放在架子上冷却5分钟，将蛋糕取出，转移到架子上直至完全冷却，用时约1小时（未加糖霜的蛋糕可以放在密封容器中冷藏3天，加糖霜和装饰前取出置于室温下）。

5. 将奶油乳酪糖霜涂抹在蛋糕上面（装饰后的蛋糕放在密封容器中可冷藏保存3天，食用前先置于室温下）。再将浆果均匀地摆放在顶部。这样美味的三色浆果蛋糕就完成了。

西柚酪乳蛋糕

如果你喜欢新鲜西柚的浓烈香味和略苦的口感，不妨试试这款蛋糕。如果找不到酪乳，可以在1杯牛奶中加入1大勺柠檬汁代替。

配料：

1½杯中筋面粉

¾小勺泡打粉

½小勺小苏打

¼小勺盐

1杯糖

4大勺无盐黄油，置于室温下

1只大鸡蛋，置于室温下

1小勺新鲜磨碎的柠檬皮

½小勺香草精

1杯酪乳

西柚凝乳（见第107页）

香草奶油（见第99页）

12片蜜饯西柚果皮（见第109页）

约制成蛋糕12个

1. 将烤架放置在烤箱中间，并将烤箱预热至180℃。在标准的12杯杯子蛋糕模具中放上纸杯托。

2. 将面粉、泡打粉、小苏打和盐在碗中混合搅拌。

3. 再取一只碗，放入糖和黄油，用电动搅拌机的中高速挡搅拌至混合物变得轻盈蓬松，用时2～3分钟。加入鸡蛋、香草精搅拌至融合。

4. 分3次将面粉混合物倒入黄油混合物中，分2次加入酪乳，低速搅拌至融合。将粘在碗边的面糊刮到碗中。

5. 将面糊均匀地分装到模具中，每杯约¾满即可。烘烤至蛋糕呈金棕色，牙签插入中心后取出不粘面糊即可，用时24～26分钟。将杯子蛋糕模具放在架子上冷却5分钟，然后将蛋糕取出，转移到架子上直至完全冷却，用时约1小时。

6. 用削皮刀在每个蛋糕的中心挖出一个深度为2.5cm，直径约为3.8cm的洞（见第8页）。然后在其中填上西柚凝乳，使凝乳一直溢出到蛋糕表面。

7. 在蛋糕顶部装饰上奶油（装饰后的蛋糕放在密封容器中可冷藏保存3天，食用前先置于室温下）。最后在每个蛋糕顶部放上一片蜜饯西柚皮。

玫瑰覆盆子蛋糕 ●●●●●●●●●●●●●●●●●●●●●●●●●●●●

漂亮的粉红色蛋糕非常适合迎婴派对、新娘送礼会或者是下午茶。玫瑰水赋予了蛋糕和淋浆香甜细腻的花香。在特色食品商店或者中东食品市场上都可以买到玫瑰水。

配料:

1¼杯中筋面粉

1小勺泡打粉

¼小勺盐

¾杯糖粉

½杯无盐黄油,置于室温下

1大勺玫瑰水

2只大鸡蛋,置于室温下

½杯全脂牛奶

玫瑰水淋浆(见第106页)

约½升覆盆子

糖花(见第110页),用淡粉色的玫瑰花瓣

约制成蛋糕12个

1. 将烤架放置在烤箱中间,并将烤箱预热至180℃。在标准的12杯杯子蛋糕模具中放上纸杯托。

2. 将面粉、泡打粉和盐在碗中混合。

3. 再取一只碗,放入糖粉和黄油,用电动搅拌机的中高速挡搅拌至混合物变得轻盈蓬松,用时2~3分钟。分别加入鸡蛋和玫瑰水,每加入一种后都要用低速挡搅拌至融合。

4. 分3次将面粉混合物倒入黄油混合物中,分2次加入牛奶,低速搅拌至融合。将粘在碗边的面糊刮到碗中。

5. 将面糊均匀地分装到模具中,每杯约¾满即可。然后烘烤至蛋糕呈浅棕色,牙签插入中心后取出不粘面糊即可,用时15~18分钟。将杯子蛋糕模具放在架子上冷却5分钟,然后将蛋糕取出,转移到架子上直至完全冷却,用时约1小时。

6. 将淋浆浇到蛋糕顶部即可(装饰后的蛋糕放在密封容器中可冷藏保存3天,食用前先置于室温下),最后在每个杯子蛋糕上均匀地放上覆盆子和糖花,就可以享用了。

柠檬蓝莓蛋糕

烘烤前在新鲜蓝莓顶部撒上糖粉，烘烤出来的蛋糕松脆可口。再淋上柠檬淋浆，蛋糕既漂亮又有浓郁的柠檬风味。这款蛋糕非常适合做早午餐或点心。

配料：

1¼杯中筋面粉

½小勺泡打粉

½小勺小苏打

¼小勺盐

¾杯糖，加2大勺做顶料

4大勺无盐黄油，置于室温下

1只大鸡蛋，置于室温下

1小勺柠檬香精

1小勺磨碎的柠檬皮

¾杯酸奶油

1¼杯新鲜蓝莓

柠檬淋浆（见第106页）

约制成蛋糕12个

1. 将烤架放置在烤箱中间，并将烤箱预热至180℃。在标准的12杯杯子蛋糕模具中放上纸杯托。

2. 将面粉、泡打粉、小苏打和盐在碗中混合。

3. 再取一只碗，放入糖和黄油，用电动搅拌机的中高速挡搅拌至混合物变得轻盈蓬松，用时2~3分钟。加入鸡蛋、柠檬香精和柠檬皮，中速搅拌至融合。

4. 加入面粉混合物和酸奶油，低速搅拌至融合，将粘在碗边的面糊刮到碗中。

5. 将面糊均匀地分装到模具中，每杯约¾满即可。在面糊上均匀地放一层蓝莓，然后在蓝莓上均匀撒上2大勺糖，烘烤至蓝莓破裂，蛋糕中心变成浅金色，牙签插入中心后取出不粘面糊即可，用时18~20分钟。

6. 将杯子蛋糕模具放在架子上冷却5分钟，然后将蛋糕取出，转移到架子上直至完全冷却，用时约1小时。将蛋糕从烤盘上取下（冷却后的蛋糕放在密封容器中可冷藏保存3天，食用前先置于室温下）。最后将柠檬淋浆浇到蛋糕顶部即可享用。

酸樱桃杏仁蛋糕 ●●●●●●●●●●●●●●●●●●●●●●●●●●●●●●●●

酸樱桃和杏仁是经典的搭配。酸樱桃在初夏上市，但是时间很短，稍不注意就过季了。如果找不到新鲜酸樱桃，可以用冷冻樱桃代替。在使用前先将冻樱桃放在漏勺中解冻，滤去多余水分。

配料：

1杯中筋面粉

1小勺泡打粉

¼小勺盐

¾杯加2大勺糖

¼杯杏仁膏

6大勺无盐黄油，置于室温下

3只大鸡蛋，蛋白和蛋黄分离，置于室温下

½小勺香草精

½杯全脂牛奶

1杯酸樱桃，切块

香草淋浆（见第106页）

约制成蛋糕12个

1. 将烤架放置在烤箱中间，并将烤箱预热至180℃。在标准的12杯杯子蛋糕模具中放上纸杯托。

2. 将面粉、泡打粉和盐在碗中混合。

3. 再取一只碗，放入¾杯糖和杏仁膏，用电动搅拌机的中高速挡搅拌至混合物变得粗糙。加入黄油，用高速搅拌至混合物变得轻盈蓬松，用时2~3分钟。加入蛋黄和香草精，搅拌至融合。

4. 分3次将面粉混合物倒入黄油混合物中，分2次加入牛奶，低速搅拌至融合。将粘在碗边的面糊刮到碗中。

5. 取一只干净的大碗，加入蛋白，用电动搅拌机中高速搅拌至蛋清起泡。慢慢地加入剩余的2大勺糖，继续搅拌至湿性发泡。慢慢地将⅓杯蛋白霜加入面糊中，搅拌均匀。再加入剩余的蛋白霜和酸樱桃，搅拌至看不到白色痕迹。

6. 将面糊均匀地分装到模具中，每杯约½杯满即可。烘烤至牙签插入中心后取出不粘面糊即可，用时18~20分钟。

7. 将杯子蛋糕模具放在架子上冷却5分钟，然后将蛋糕取出，转移到架子上直至完全冷却，用时约1小时。将蛋糕从烤盘上取下。最后将香草淋浆浇到蛋糕顶部即可享用（装饰后的蛋糕放在密封容器中可冷藏保存4天，食用前先置于室温下）。

酸橙蛋白酥皮蛋糕

这款蛋糕的创意来源于柠檬蛋白派，将奶香浓郁的蛋糕、酸橙凝乳和蓬松甜蜜的蛋白酥皮结合起来。蛋白酥皮的尖角、浅棕色的外形让这款蛋糕别具一格。

配料：

香草蛋糕面糊（见第17页）

酸橙凝乳（见第107页）

蛋白酥皮（见102页）

约制成蛋糕12个

1. 将烤架放置在烤箱中间，并将烤箱预热至180℃。在标准的12杯杯子蛋糕模具中喷上防粘喷雾。

2. 将面糊均匀地分装到模具中，每杯约¾满即可。烘烤至蛋糕呈浅金色，牙签插入中心后取出不粘面糊即可，用时18～20分钟。

3. 将杯子蛋糕模具放在架子上冷却5分钟，然后将蛋糕取出，转移到架子上直至完全冷却，用时约1小时。

4. 用削皮刀将每个蛋糕横向均分（见第8页），每个蛋糕底部放2小勺酸橙凝乳。

5. 将另一半盖上后，在蛋糕顶部再放2小勺酸橙凝乳，在顶部装饰蛋白酥皮。用厨房喷枪将蛋白酥皮烤至浅棕色（完后可将蛋糕放在密封容器中冷藏保存2天，食用前先置于室温下）。

柑橘蛋糕

这款蛋糕口感细腻，和磅蛋糕很像。面糊还可以做成8个9cm×6.4cm的小面包（在倒面糊前先在烤盘中喷上防粘喷雾）。烘烤用时约25分钟。

配料:

1¼杯中筋面粉

1¼小勺泡打粉

¼小勺盐

¼杯酸奶油

2大勺植物油

1大勺新鲜柑橘汁

1½小勺磨碎柑橘皮

¼小勺柑橘香精

¾杯糖

6大勺无盐黄油, 置于室温下

2只大鸡蛋, 置于室温下

柑橘淋浆（见第106页）

约制成蛋糕12个

1. 将烤架放置在烤箱中间，并将烤箱预热至180℃。在标准的12杯杯子蛋糕模具中放上纸杯托。

2. 将面粉、泡打粉和盐在碗中混合。

3. 再取一只小碗，放入酸奶油、油、柑橘汁、柑橘皮和柑橘香精。另取一只碗，放入黄油和糖，用电动搅拌机的中高速挡搅拌至混合物变得轻盈蓬松，用时2～3分钟。逐个加入鸡蛋，每加入一个，都要搅拌充分。

4. 分3次将面粉混合物倒入黄油混合物中，分2次加入牛奶，低速搅拌至融合。将粘在碗边的面糊刮到碗中。

5. 将面糊均匀地分装到模具中，每杯约¾满即可。烘烤至蛋糕呈浅金色，牙签插入中心后取出不粘面糊即可，用时18～20分钟。

6. 将杯子蛋糕模具放在架子上彻底冷却，用时约1小时，然后将蛋糕取出，备用。

7. 将淋浆浇到蛋糕顶部即可（装饰后的蛋糕放在密封容器中可冷藏保存4天，食用前先置于室温下）。

苹果蛋糕

大块的苹果不仅使蛋糕保持柔润更赋予了蛋糕绝佳的口感。可以选用酸苹果或者甜苹果，如澳洲青苹或富士。只要苹果口感爽脆即可。

配料：

½杯无盐黄油，置于室温下

3个苹果（约450g），去皮去核，切成2.5cm大小的小块

¾杯加2大勺糖

1杯中筋面粉

¾小勺泡打粉

½小勺盐

¼小勺小苏打

½小勺肉桂粉

¼小勺甘椒粉

1小撮新鲜磨碎的肉豆蔻

2只大鸡蛋，置于室温下

½小勺香草精

¼杯酸奶油

蜂蜜奶油乳酪糖霜（见第100页）

约制成蛋糕12个

1. 将烤架放置在烤箱中间，并将烤箱预热至180℃。在标准的12杯杯子蛋糕模具中放上纸杯托。

2. 在平底锅中加入2大勺黄油，用中高火加热融化。然后加入苹果块和2大勺糖，继续加热搅拌至苹果变软呈半透明状，用时5～7分钟。放在一旁冷却备用。

3. 将面粉、泡打粉、盐、小苏打、肉桂粉、甘椒粉和肉豆蔻在碗中混合。

4. 再取一只碗，放入余下的6大勺黄油和¾杯糖，用电动搅拌机的中高速挡搅拌至混合物变得轻盈蓬松，用时2～3分钟。

5. 分别加入鸡蛋和香草精，搅拌至融合。然后慢慢地将面粉混合物倒入黄油混合物中，低速搅拌至融合。再加入酸奶油和准备好的苹果块，搅拌至融合。将粘在碗边的面糊刮到碗中。

6. 将面糊均匀地分装到模具中，每杯约⅔杯满即可。烘烤至蛋糕呈金棕色，牙签插入中心后取出不粘面糊即可，用时18～20分钟。将杯子蛋糕模具放在架子上冷却5分钟，然后将蛋糕取出转移到架子上直至完全冷却，用时约1小时。

7. 用奶油糖霜装饰蛋糕（装饰后的蛋糕放在密封容器中可冷藏保存4天，食用前先置于室温下）。

椰子酸橙蛋糕 ·······································

经典椰子蛋糕填充着酸橙凝乳,很有热带风味。将椰丝切碎放入面糊中,使得蛋糕的口感更柔软,每一口都椰香浓郁。

配料:

⅓杯甜椰丝,另备1杯用于装饰

1杯中筋面粉

1¼小勺泡打粉

¼小勺盐

¾杯加2大勺糖

½杯无盐黄油,置于室温下

1只大鸡蛋加1个大蛋白,置于室温下

1/小勺香草精

½杯椰奶

¾杯酸橙凝乳(见第107页)

椰子奶油(见第99页)

约制成蛋糕12个

1. 将烤架放置在烤箱中间,并将烤箱预热至180℃。在标准的12杯杯子蛋糕模具中放上纸杯托。

2. ⅓杯椰丝切碎,将面粉、泡打粉、盐和碎椰丝在碗中混合搅拌。

3. 再取一只碗,放入糖和黄油,用电动搅拌机的中高速挡搅拌至混合物变得轻盈蓬松,用时2~3分钟。加入鸡蛋、蛋白和香草精,搅拌至融合。

4. 分3次将面粉混合物倒入黄油混合物中,分2次加入椰奶,低速搅拌至融合。将粘在碗边的面糊刮到碗中。

5. 将面糊均匀地分装到模具中,每杯约¾满即可。烘烤至蛋糕呈浅金色,牙签插入中心后取出不粘面糊即可,用时18~20分钟。将杯子蛋糕模具放在架子上冷却5分钟,然后将蛋糕取出,转移到架子上直至完全冷却,用时约1小时。

6. 用削皮刀在每个蛋糕的中心挖出一个深度为2.5cm,直径约为3.8cm的洞(见第8页),在其中填上酸橙凝乳。在蛋糕顶部装饰上奶油并均匀地撒上椰丝(装饰后的蛋糕放在密封容器中可冷藏保存4天,食用前先置于室温下)。

迷你草莓芝士蛋糕

这些小蛋糕是经典的纽约芝士蛋糕的迷你版。它们融合了新鲜草莓的果香和芝士的浓郁，它们虽是迷你版，但味道一样经典。

顶料：

450g新鲜草莓，去蒂对切开
½杯加2大勺糖
1大勺新鲜柠檬汁

馅料：

560g奶油乳酪，置于室温下
¾杯糖
½小勺香草精
¼杯酸奶油
2只大鸡蛋，置于室温下
3大勺中筋面粉

约制成迷你蛋糕24个

1. 制作顶料，在陶瓷锅中加入一半草莓和糖，用叉子轻轻捣碎。再用中高火加热至草莓变软，用时约3分钟。将锅从火上取下，再加入剩下的草莓和柠檬汁搅拌。然后转移至一个小碗中，使食材完全冷却（顶料放在密封容器中可冷藏保存2天）。

2. 将烤架放置在烤箱中间，并将烤箱预热至180℃。在24杯杯子蛋糕模具中放上迷你纸杯托。

3. 制作馅料，将奶油乳酪用电动搅拌机的中高速挡搅拌至轻盈蓬松，用时约3分钟。然后慢慢地加入糖，低速搅拌至奶酪顺滑。

4. 加入香草精和酸奶油继续搅拌至融合。分次加入鸡蛋，每加入一个都要搅拌至融合，再加入面粉，搅拌至融合。

5. 将面糊均匀地分装到模具中，每杯约¾杯满即可。烘烤至蛋糕中心凝固，用时约15分钟。将杯子蛋糕模具放在架子上冷却5分钟，然后将蛋糕取出转移到架子上直至完全冷却，用时约45分钟。

6. 将蛋糕放在密封容器中冷藏过夜，最多可保存3天。食用前在每个蛋糕顶部浇1大勺草莓顶料即可。

朗姆酒葡萄干蛋糕

如果想装饰蛋糕，可以在1杯黑朗姆酒中加入2大勺糖，用中高火加热至糖浆状。再加入2大勺黑葡萄干和金色葡萄干，冷却至室温。然后均匀地浇到蛋糕上。

配料：

⅓杯黑朗姆酒

¼杯黑葡萄干

¼杯金色葡萄干

1¼杯中筋面粉

1小勺泡打粉

1小勺肉桂粉

¼小勺甘椒粉

¼小勺盐

1杯糖

6大勺无盐黄油，置于室温下

1只大鸡蛋，置于室温下

1小勺香草精

½杯全脂牛奶

¾杯烘烤好的核桃（见第2页），切碎

朗姆酒奶油（见第99页）

约制成蛋糕12个

1. 将葡萄干浸泡在朗姆酒中，静置30分钟至1小时。

2. 将烤架放置在烤箱中间，并将烤箱预热至180℃。在标准的12杯杯子蛋糕模具中放上纸杯托。

3. 将面粉、泡打粉、肉桂粉、甘椒粉和盐在碗中混合。

4. 另取一只碗，放入糖和黄油，用电动搅拌机的中高速挡搅拌至混合物变得轻盈蓬松，用时2～3分钟。再加入鸡蛋和香草精，用中速搅拌至融合。

5. 分3次将面粉混合物倒入黄油混合物中，分2次加入牛奶，低速搅拌至融合。将粘在碗边的面糊刮到碗中。然后加入朗姆酒浸泡过的葡萄干和切碎的烤核桃，用低速搅拌至混合物均匀。

6. 将面糊均匀地分装到模具中，每杯约¾满即可。烘烤至蛋糕呈浅金色，牙签插入中心后取出不粘面糊即可，用时18～20分钟。将杯子蛋糕模具放在架子上彻底冷却，将蛋糕从烤盘中取下。

7. 用奶油糖霜装饰蛋糕（装饰后的蛋糕放在密封容器中可冷藏保存3天，食

香蕉焦糖蛋糕

热带香蕉和焦糖香味相得益彰，让人不忍拒绝。在搅拌面糊时，加入香蕉混合物后务必轻轻搅拌，过度搅拌会使蛋糕发硬。

配料：

1¼杯低筋面粉

¾小勺小苏打

¾小勺泡打粉

¼小勺盐

1根成熟的大香蕉（约230g）

2大勺酸奶油

¾杯黄糖

½杯无盐黄油，置于室温下

1只大鸡蛋，置于室温下

½小勺香草精

½小勺磨碎的柠檬皮

香蕉奶油（见第99页）

焦糖淋浆（见第108页）

约制成蛋糕12个

1. 将烤箱预热至180℃。在标准的12杯杯子蛋糕模具中放上纸杯托。

2. 将面粉、泡打粉、小苏打和盐在碗中混合。

3. 再取一只小碗，加入香蕉和酸奶油，用叉子轻轻捣碎。取一只大碗，加入黄糖和黄油，用电动搅拌机的中高速挡搅拌至混合物变得轻盈蓬松，用时2～3分钟。再加入鸡蛋、香草精和柠檬皮，搅拌至混合物充分融合，将粘在碗边的面糊刮到碗中。

4. 将面粉混合物倒入黄油混合物中，低速搅拌至融合。将粘在碗边的面糊刮到碗中。然后加入香蕉混合物，搅拌至融合，注意不要搅拌过度。

5. 将面糊均匀地分装到模具中，每杯约½满即可。烘烤至蛋糕呈浅金色，牙签插入中心后取出不粘面糊即可，用时18～20分钟。将杯子蛋糕模具放在架子上冷却5分钟，然后将蛋糕取出转移到架子上直至完全冷却，用时约1小时。

6. 用奶油糖霜装饰蛋糕（装饰后的蛋糕放在密封容器中可冷藏保存3天，食用前先置于室温下）。食用前在每个蛋糕顶部淋上焦糖糖浆即可。

花生酱果酱蛋糕

这款蛋糕中的花生酱和果酱是童年回忆的经典重现。其实大人对这些组合口味的喜爱程度不亚于孩子们。用你最喜欢的果酱去填充蛋糕，然后和冰牛奶一起享用吧。

配料：

香草蛋糕面糊（见第17页）

花生酱糖霜（见第101页）

¾杯果酱或蜜饯

约制成蛋糕12个

1. 将烤架放置在烤箱中间，并将烤箱预热至180℃。在标准的12杯杯子蛋糕模具中喷上防粘喷雾。

2. 将面糊均匀地分装到模具中，每杯约¾满即可。烘烤至蛋糕呈浅金色，牙签插入中心后取出不粘面糊即可，用时18～20分钟。

3. 将杯子蛋糕模具放在架子上冷却5分钟，然后将蛋糕取出转移到架子上直至完全冷却，用时约1小时。

4. 用削皮刀将每个蛋糕横向均分（见第8页）。在每个蛋糕底部放1小勺果酱。将另一半盖上后，在蛋糕顶部抹上糖霜（装饰后的蛋糕放在密封容器中可冷藏保存1天，食用前先置于室温下）。

南瓜核桃蛋糕

在这款配方中，最好使用罐装南瓜，如果用新鲜的南瓜泥代替，要在使用前沥干多余水分。通过粗棉布滤网过滤南瓜泥，并冷藏一夜。

配料：

1杯中筋面粉

1小勺泡打粉

½小勺小苏打

¼小勺盐

1小勺肉桂粉

½小勺姜粉

¼小勺甘椒粉

1小撮新鲜磨碎的肉豆蔻

1杯罐装南瓜泥

1杯糖

½杯植物油

2个大鸡蛋，置于室温下

1杯山核桃，烘烤后切碎
（见第2页）

枫糖浆（第106页）

约制成12个蛋糕

1. 将烤箱预热至180℃。在标准的12杯杯子蛋糕模具中放上纸杯托。

2. 将面粉、泡打粉、小苏打、盐、肉桂粉、姜粉、甘椒粉和肉豆蔻在碗中混合。

3. 再取一只小碗，加入南瓜泥、糖、油和鸡蛋。再加入面粉混合物充分搅拌，然后拌入碎核桃。

4. 将面糊均匀地分装到模具中，每杯约¾满即可。烘烤至牙签插入中心后取出不粘面糊即可，用时22～24分钟。将杯子蛋糕模具放在架子上冷却5分钟，然后将蛋糕取出，转移到架子上直至完全冷却，用时约1小时。

5. 将枫糖浆淋在蛋糕顶部即可（装饰后的蛋糕放在密封容器中可冷藏保存4天，食用前先置于室温下）。

榛子布朗黄油蛋糕

这款蛋糕简洁而不失优雅，具有浓郁的坚果香和奶香。刚出炉时撒上糖粉享用它们十分美味，和香草冰淇淋也是绝佳搭配。

配料：

½杯榛子

½杯加2大勺无盐黄油，切成10片

1杯糖粉，另加2大勺糖粉用于洒在蛋糕上

1杯中筋面粉

¾小勺泡打粉

½小勺小苏打

¼小勺盐

4个大蛋清，置于室温下

约制成12个蛋糕

1. 将烤架放置在烤箱中间，并将烤箱预热至180℃。在标准的12杯杯子蛋糕模具中喷上防粘喷雾。

2. 按第2页的方法烘烤榛子，然后将榛子转移到干净的厨房巾上揉去外皮。待榛子完全冷却备用。

3. 在平底锅中加入黄油，用中高火加热搅拌，使黄油散发出香味并变成棕色，用时5～6分钟，备用。将榛子和¼杯糖粉放到食品加工机中磨碎，用时约1分钟。

4. 取一只碗，放入面粉、泡打粉、小苏打、盐、剩下的¾杯糖粉和坚果混合物，并用力搅拌。再加入蛋清和加工后的黄油，用电动搅拌机的中速挡搅拌至融合，用时约2分钟。然后将粘在碗边的面糊刮到碗中。

5. 将面糊均匀地分装到模具中，每杯约½杯满即可。烘烤至蛋糕呈浅金色，牙签插入中心后取出不粘面糊即可，用时18～22分钟。

6. 将杯子蛋糕模具放在架子上冷却5分钟，然后将蛋糕取出，转移到架子上并撒上糖粉，此时可以趁热食用（也可待蛋糕完全冷却后放在密封容器中，可在室温下放置2天，食用前将蛋糕在150℃的烤箱中加热7～10分钟，再撒上糖粉，趁热食用）。

巧克力蛋糕

黑森林蛋糕 ●●

这款经典的蛋糕有着独有的尺寸和抢眼的外形。樱桃酒，是一种樱桃口味的白兰地，赋予了甜奶油清香的樱桃味道。

配料：

魔鬼蛋糕（见第22页）

1½杯新鲜大樱桃，去核对分，加12颗带梗整樱桃，装饰用

2大勺砂糖

1大勺樱桃酒

1杯冷重奶油

1大勺糖粉

约制成蛋糕12个

1. 按食谱烘烤和冷却蛋糕，然后在蛋糕顶部淋上香浓巧克力淋浆，放在一旁备用。

2. 在小平底锅中加入樱桃块、砂糖和樱桃酒，加热搅拌至樱桃变软，果汁呈糖浆状，用时5～7分钟。

3. 将混合物转移到一个小碗中，加盖冷藏至彻底冷却，时间为1小时至1天。

4. 取一只碗，放入重奶油和糖粉，用电动搅拌机低速搅拌至混合物变浓稠，用时1～2分钟。然后慢慢加速至中高速，并搅拌至奶油出现纹路，用时2～3分钟。用橡胶刮刀将樱桃混合物慢慢加入奶油中，此时会留下红色条纹。

5. 将樱桃掼奶油混合物涂在蛋糕顶部，最后在每个蛋糕顶部放一颗樱桃装饰即可（完成的蛋糕放在密封容器中可冷藏保存1天，食用前在室温下放置10分钟）。

墨西哥巧克力蛋糕

在拉美市场或者杂货店的民族食品柜台可以很容易买到带有肉桂香味的甜巧克力。如果找不到，可以用半甜巧克力代替，并将面糊中的肉桂粉用量增至1小勺。

配料：

1杯中筋面粉

¾杯糖

¼杯无糖可可粉

¾小勺小苏打

1小勺肉桂粉

¼小勺盐

¾杯温水

⅓杯植物油

¾小勺白醋

½杯磨碎的墨西哥巧克力（1板），加上额外一些，装饰用

基础奶油糖霜（见第98页）

约制成12个蛋糕

1. 将烤箱预热至180℃。在标准的12杯杯子蛋糕模具中放上纸杯托。

2. 将面粉、糖、可可粉、小苏打、½小勺肉桂粉和盐混合筛入一个碗中。加入水、油和白醋，用电动搅拌机的中速挡搅拌至混合物融合。

3. 加入½杯碎巧克力，用低速搅拌至融合。然后将粘在碗边的面糊刮到碗中。

4. 将面糊均匀地分装到模具中，每杯约¾满即可。烘烤至牙签插入中心后取出不粘面糊即可，用时24～28分钟。将杯子蛋糕模具放在架子上冷却5分钟，然后将蛋糕取出，转移到架子上直至完全冷却，用时约1小时。

5. 在基础奶油糖霜中加入剩余的½小勺肉桂粉，用力搅拌至融合。然后将混合奶油涂到蛋糕顶部，撒上多余的碎巧克力即可（完成的蛋糕放在密封容器中可冷藏保存4天，食用前置于室温下）。

红丝绒蛋糕

关于这款蛋糕的起源，说法不一，但是大家多认为是南方地区的创新。这款蛋糕顶部有奶油山核桃，山核桃顶部是至关重要的奶油乳酪糖霜，糖霜是由南方地区食材做成。

配料：

1¼杯低筋面粉

2大勺无糖可可粉

¾小勺泡打粉

¼小勺盐

½杯酪乳

1小勺香草精

½小勺白醋

4滴红色食用色素

¾杯糖

4大勺无盐黄油，置于室温下

1只大鸡蛋，置于室温下

奶油山核桃乳酪糖霜（100页）

约制成蛋糕12个

1. 将烤箱预热至180℃。在标准的12杯杯子蛋糕模具中放上纸杯托。

2. 将面粉、可可粉、泡打粉、盐混合筛入一个碗中。

3. 取一只小碗，在碗中加入酪乳、香草精、醋和红色食用色素，搅拌至融合。

4. 再取一只碗，加入糖和黄油，用电动搅拌机的中高速挡搅拌至混合物变得轻盈蓬松，用时2～3分钟。

5. 分3次将面粉混合物倒入黄油混合物中，分2次加入酪乳混合物，低速搅拌至融合。将粘在碗边的面糊刮到碗中。

6. 将面糊均匀地分装到模具中，每杯约¾满即可。烘烤至牙签插入中心后取出不粘面糊即可，用时20～22分钟。将杯子蛋糕模具放在架子上冷却5分钟，然后将蛋糕取出，转移到架子上直至完全冷却，用时约1小时。

7. 用奶油山核桃乳酪糖霜装饰蛋糕（装饰后的蛋糕放在密封容器中可冷藏保存4天，食用前置于室温下）。

德国巧克力蛋糕

如果时间充足，最好提前做好蛋糕。因为这款蛋糕的口味和质地在放置一段时候后更佳。要融化巧克力，可以将其放在隔热碗中隔水融化，不停搅拌至巧克力完全融化，质感变得柔滑。

配料：

1¼杯中筋面粉

¾小勺小苏打

¼小勺盐

¾杯糖

½杯无盐黄油，置于室温下

1只大鸡蛋，置于室温下

½小勺香草精

约57g半甜巧克力，切碎融化，然后冷却至室温

¼杯酸奶油

¼杯全脂牛奶

德国巧克力顶料（见第104页）

约制成蛋糕12个

1. 将烤架放置在烤箱中间，并将烤箱预热至180℃。在标准的12杯杯子蛋糕模具中喷上防粘喷雾。

2. 将面粉、小苏打和盐放入碗中混合搅拌。

3. 再取一只碗，加入糖和黄油，用电动搅拌机的中高速挡搅拌至混合物变得轻盈蓬松，用时2～3分钟。加入鸡蛋和香草精，搅拌至融合。再加入融化的巧克力和酸奶油，用低速搅拌至融合。

4. 分3次将面粉混合物倒入黄油混合物中，分2次加入牛奶，低速搅拌至融合。将粘在碗边的面糊刮到碗中。

5. 将面糊均匀地分装到模具中，每杯约¾满即可。烘烤至牙签插入中心后取出不粘面糊即可，用时18～20分钟。将杯子蛋糕模具放在架子上冷却5分钟，然后将蛋糕取出，转移到架子上直至完全冷却，用时约1小时。

6. 用削皮刀将每个蛋糕横向均分（见第8页）。每个蛋糕底部放1小勺顶料。将另一半盖上后，在每个蛋糕顶部再加2大勺顶料（完成的蛋糕放在密封容器中可冷藏保存4天，食用前置于室温下）。

迷你巧克力薄荷蛋糕 ● ● ● ● ● ● ● ● ● ● ● ● ● ● ● ● ●

这款迷你蛋糕柔润香浓，有布朗尼般的口感。蛋糕用清凉的薄荷提味，顶料是薄荷巧克力奶油。制作面糊时最好用旧式搅拌方法替代搅拌机。

配料：

约113g半甜巧克力,切碎

4大勺黄油,切成4块

¾杯糖

2只大鸡蛋,置于室温下

½小勺香草精

¼小勺薄荷香精

¼小勺盐

¼杯加2大勺中筋面粉

巧克力薄荷奶油(见第99页)

约制成迷你蛋糕24个

1. 将烤架放置在烤箱中间，并将烤箱预热至180℃。在24杯杯子蛋糕模具中放上纸杯托。

2. 取一只隔热碗放入黄油和巧克力，放在锅中的沸水上（不接触），并不停搅拌至混合物融化，质感柔滑。将碗从锅中取下，让混合物冷却至室温。

3. 将糖加到巧克力混合物中，用木勺搅拌均匀。

4. 逐个加入鸡蛋，每加入一个都要搅拌均匀。再分别加入香草精、薄荷香精和盐，搅拌至融合。再慢慢加入面粉，注意不要搅拌过度。

5. 将面糊均匀地分装到模具中，每杯约¾满即可。烘烤至蛋糕顶部裂开，牙签插入中心后取出只粘有少量碎屑即可，用时18~20分钟。将杯子蛋糕模具放在架子上，使其完全冷却，用时约45分钟，然后将蛋糕从烤盘上取下。

6. 用奶油糖霜装饰蛋糕（装饰后的蛋糕放在密封容器中可冷藏保存4天，食用前置于室温下）。

熔岩巧克力蛋糕

这款蛋糕看起来很清淡，但是藏在蛋糕中心的黑巧克力会令人惊喜不已。用冷的香草奶油或者是微甜的掼奶油来点缀这道温暖的巧克力蛋糕，不仅好看更加好吃。

配料：

约100g半甜巧克力，切碎

4大勺黄油，切成4块

3只大鸡蛋，蛋清蛋黄分离，置于室温下

2大勺中筋面粉

1小撮盐

¼杯糖

半甜巧克力棒（约110克），均匀分成12小块

约制成蛋糕12个

1. 将烤架放置在烤箱中间，并将烤箱预热至190℃。在12杯杯子蛋糕模具中喷上防粘喷雾。

2. 取一只隔热碗放入黄油和巧克力，放在锅中的沸水上（不接触），并不停搅拌至混合物融化，质感柔滑。将碗从锅中取下，让混合物冷却至室温。

3. 向巧克力混合物中加入蛋黄，并搅拌至融合，用时约30秒。再加入面粉，搅拌至融合。

4. 再取一只碗，放入蛋清和盐，用电动搅拌机的中高速挡搅拌至混合物起泡。慢慢加入糖，继续搅拌至湿性发泡。向巧克力混合物中加入⅓打发的蛋白霜，用打蛋器搅拌至混合物变得轻盈。

5. 分2次将巧克力混合物加到打发的蛋白霜中，并搅拌至看不到白色痕迹。

6. 将面糊均匀地分装到模具中，每杯约⅔满即可。烘烤5分钟，然后将烤盘取出，快速在每个蛋糕中心加入巧克力夹心。

7. 将蛋糕放回烤箱，继续烘烤至蛋糕充分膨胀，边缘呈棕色，用时3～5分钟。接着先让蛋糕在模具中冷却5分钟，再用小刮刀将蛋糕转移至盘中即可。

三色巧克力蛋糕 ••••••••••••••••••••••••••

如果你喜欢巧克力，那么你一定会喜欢这款蛋糕，因为它是由牛奶巧克力蛋糕，黑巧克力馅料和白巧克力奶油制成。在浇巧克力淋浆之前，先将巧克力放在隔热碗中隔水融化。

配料：

约85g牛奶巧克力，切碎

½杯加3大勺黄油，切成11块

⅔杯中筋面粉

2½大勺无糖可可粉

¾小勺泡打粉

¼小勺盐

¾杯糖

1小勺香草精

3只大鸡蛋，置于室温下

¾杯香浓巧克力淋浆（见第105页），加热

白巧克力奶油（见第99页）

约制成12个蛋糕

1. 将烤架放置在烤箱中间，并将烤箱预热至180℃。在12杯杯子蛋糕模具中放上纸杯托。

2. 取一只隔热大碗放入牛奶巧克力和黄油，放在锅中的沸水上（不接触），并不停搅拌至混合物融化，质感柔滑。将碗从锅中取下，让混合物冷却至室温。

3. 将面粉、可可粉、泡打粉和盐在碗中混合搅拌。在巧克力混合物中加入糖，用木勺搅拌至融合。

4. 在巧克力混合物中分别加入香草精和鸡蛋，每次加入后都要充分搅拌至融合。然后慢慢地将面粉混合物倒入巧克力混合物中，注意不要过度搅拌。

5. 将面糊均匀地分装到模具中，每杯约¾满即可。烘烤至牙签插入中心后取出只粘有少量碎屑，用时22～24分钟。将杯子蛋糕模具放在架子上冷却5分钟，然后将蛋糕取出，转移到架子上直至完全冷却，用时约1小时。

6. 用削皮刀在每个蛋糕的中心挖出一个深度为2.5cm，直径约为3.8cm的洞（见第8页）。然后在其中填上1大勺热巧克力淋浆，并冷却至淋浆凝固成型，用时约10分钟。

7. 在蛋糕顶部装饰上奶油（装饰后的蛋糕放在密封容器中可冷藏保存3天，食用前置于室温下）。

黑白蛋糕

这款蛋糕是巧克力蛋糕和芝士蛋糕的完美组合，绵软可口，十分美味。最好在蛋糕烘烤当天食用，如果有剩余，建议下次食用前先加热。

配料：

约227g奶油奶酪，置于室温下

1大勺酸奶油

1¼杯糖

1杯中筋面粉

⅓杯无糖可可粉

½小勺小苏打

¼小勺盐

4大勺无盐黄油，置于室温下

1只大鸡蛋，置于室温下

1小勺香草精

½杯全脂牛奶

黏巧克力淋浆（见第105页）

巧克力卷（见第13页），装饰用，可选

约制成蛋糕12个

1. 将烤架放置在烤箱中间，并将烤箱预热至180℃。在标准的12杯杯子蛋糕模具中喷上防粘喷雾。

2. 制作奶油奶酪馅料，将奶油奶酪放入碗中，用电动搅拌机高速搅拌至蓬松，用时约2分钟。再加入酸奶油和½杯糖，搅拌至融合。

3. 制作蛋糕面糊，将面粉、可可粉、小苏打和盐混合筛入一个碗中。

4. 另取一只碗，在碗中加入黄油和剩下的¾杯糖，用电动搅拌机的中高速挡搅拌至混合物变得轻盈蓬松，用时2～3分钟。加入鸡蛋和香草精，搅拌至融合。

5. 分3次将面粉混合物倒入黄油混合物中，分2次加入牛奶，低速搅拌至融合。将粘在碗边的面糊刮到碗中。

6. 将面糊均匀地分装到模具中，每杯约½满即可。将奶油奶酪馅料均匀地加在每个蛋糕中心处（烘烤后馅料会沉下去）。烘烤至蛋糕中心固定成型，用时约15分钟。将杯子蛋糕模具放在架子上冷却5分钟，然后将蛋糕取出，转移到架子上直至完全冷却，用时约1小时。

7. 将巧克力淋浆浇在蛋糕顶部，再装饰上巧克力卷即可（完成后的蛋糕放在密封容器中可冷藏保存3天，食用前将蛋糕放入烤箱，调至120℃加热5分钟）。

石板街蛋糕 ••

巧克力、坚果和棉花糖组成了美味的石板街蛋糕。这款蛋糕最好用核桃，但也可以用其他种类的坚果替代。这里用棉花糖霜代替了棉花糖。

配料:

巧克力蛋糕面糊 (见第21页)

2杯核桃仁，对半切开烘烤，切碎 (见第2页)

棉花糖霜 (见第103页)

约制成蛋糕12个

1. 将烤架放置在烤箱中间，并将烤箱预热至180℃。在12杯杯子蛋糕模具中放上纸杯托。

2. 按指导步骤准备好蛋糕面糊，然后加入½杯碎核桃，搅拌至混合物均匀。

3. 将面糊均匀地分装到模具中，每杯约¾满即可。然后再每个蛋糕顶部均匀地洒上剩余的核桃仁。烘烤至牙签插入中心后取出只粘有少量碎屑，用时22～24分钟。将杯子蛋糕模具放在架子上冷却5分钟，然后将蛋糕取出，转移到架子上直至完全冷却，用时约1小时。

4. 用棉花糖霜装饰蛋糕（装饰后的蛋糕放在密封容器中可冷藏保存4天，食用前置于室温下）。

白巧克力覆盆子蛋糕

酸覆盆子和甜白巧克力是绝佳的搭配。不必担心覆盆子汁沿着蛋糕边缘流下来，因为果汁明艳的色彩会让蛋糕更加别具一格。加了糖霜以后就可以立即享用了。

配料:

1¼杯低筋面粉

1小勺泡打粉

¼小勺盐

¾杯糖

4大勺无盐黄油, 置于室温下

1只大鸡蛋, 置于室温下

½杯全脂牛奶

约85g白巧克力, 切碎

1杯覆盆子

白巧克力奶油 (见第99页)

白巧克力卷 (见第13页), 装饰用, 可选

约制成蛋糕12个

1. 将烤箱预热至180℃。在标准的12杯杯子蛋糕模具中放上纸杯托。

2. 将面粉、泡打粉和盐混合筛入一个碗中。在碗中加入黄油和糖, 用电动搅拌机的中高速挡搅拌至混合物变得轻盈蓬松, 用时2 ~ 3分钟。再加入鸡蛋, 搅拌至融合。

3. 分3次将面粉混合物倒入黄油混合物中, 分2次加入牛奶, 低速搅拌至融合。将粘在碗边的面糊刮到碗中。然后加入白巧克力, 用低速挡搅拌至融合。

4. 将面糊均匀地分装到模具中, 每杯约¾满即可。烘烤至蛋糕呈浅金色, 牙签插入中心后取出不粘面糊即可, 用时18 ~ 20分钟。

5. 将杯子蛋糕模具放在架子上彻底冷却, 用时约1小时。将蛋糕从烤盘中取下 (冷却的蛋糕放在密封容器中可冷藏保存3天, 食用前取出置于室温下)。

6. 将覆盆子放在小碗中, 用叉子轻轻捣碎。再将碎覆盆子均匀地放在蛋糕顶部。

7. 用奶油糖霜装饰蛋糕, 还可以用白巧克力卷装饰。这样美味的蛋糕就完成了。

特殊场合的蛋糕

咸焦糖蛋糕 ●

这款蛋糕的特别之处在于它咸甜的味道。如果想拥有更特别的口感，可以在融化的巧克力中加入焦糖糖果，然后待巧克力冷却后作为顶料装饰在蛋糕顶部。

配料：

1¼杯中筋面粉

¾小勺泡打粉

¼小勺盐

1杯黄糖

½杯砂糖

½杯无盐黄油，置于室温下

2只大鸡蛋，置于室温下

1小勺香草精

½杯全脂牛奶

焦糖奶油（见第99页）

12颗焦糖糖果

海盐

约制成蛋糕12个

1. 将烤箱预热至180℃。在标准的12杯杯子蛋糕模具中放上纸杯托。

2. 将面粉、泡打粉和盐混合筛入一个碗中。

3. 另取一只碗，在碗中加入黄油和糖，用电动搅拌机的中高速挡搅拌至混合物变得轻盈蓬松，用时2～3分钟。再加入鸡蛋和香草精，搅拌至融合。

4. 分3次将面粉混合物倒入黄油混合物中，分2次加入牛奶，低速搅拌至融合。将粘在碗边的面糊刮到碗中。

5. 将面糊均匀地分装到模具中，每杯约⅔杯满即可。烘烤至牙签插入中心后取出不粘面糊即可，用时20～22分钟。将杯子蛋糕模具放在架子上冷却5分钟，然后将蛋糕取出，转移到架子上直至完全冷却，用时约1小时。

6. 用焦糖奶油装饰蛋糕（装饰后的蛋糕放在密封容器中可冷藏保存3天，食用前取出置于室温下）。在每个蛋糕顶部放一颗焦糖，撒上一小撮海盐即可。

三奶蛋糕

这个名字是从西班牙语翻译过来的。由于蛋糕中加入了淡奶、甜炼乳和重奶油，所以口味清甜，是拉丁美洲人最喜爱的甜点之一。本书的食谱中还加入了朗姆酒作为点缀。

所需材料：

1罐（约350ml）甜炼乳

1罐（约350ml）淡奶

1杯重奶油

¼杯黑朗姆酒

1杯中筋面粉

¾杯糖

1小勺泡打粉

¼小勺盐

3只大鸡蛋，放置室温下

½杯全脂牛奶

1小勺香草精

甜奶油（见第104页）

约制成蛋糕12个

1. 将烤箱预热至180℃。在标准的12杯杯子蛋糕模具中放上纸杯托。将甜炼乳、淡奶、重奶油和朗姆酒放入碗中混合搅拌。

2. 将面粉、糖、泡打粉和盐混合筛入一个中等大小的碗中。向碗中加入奶、鸡蛋、牛奶和香草精，用打蛋器用力搅拌至融合。

3. 将面糊均匀地分装到模具中，每杯约⅔杯满即可。烘烤至蛋糕呈浅金色，牙签插入中心后取出不粘面糊即可，用时18～20分钟。

4. 将杯子蛋糕模具放在架子上冷却。然后趁热小心地用牙签在每个蛋糕的顶部刺几下。将甜炼乳混合物均匀地倒在每个蛋糕顶部。然后待淋了浆的蛋糕完全冷却，用时约1小时。

5. 将蛋糕转移至密封容器中，冷藏4小时至3天。

6. 食用前将蛋糕置于室温下约10分钟，用甜奶油装饰蛋糕。

提拉米苏蛋糕

在享用这款蛋糕之前先将它冷藏,最多可保存4天，使味道充分融合。利口酒为基础的浸泡液使蛋糕超级柔润和美味。

配料:

黄色蛋糕 (见第18页)

½杯新煮浓咖啡，置于室温下

¼杯黑朗姆酒

½杯咖啡酒或其他咖啡味利口酒

2大勺杏仁利口酒或其他杏仁味的利口酒

约450g马斯卡彭奶酪

1杯重奶油

¼杯糖粉

1小勺香草精

约30g半甜巧克力, 磨碎

约制成蛋糕12个

1. 按食谱烘烤和冷却蛋糕，备用。

2. 取一只小碗，加入咖啡、朗姆酒、¼杯咖啡酒和杏仁酒混合搅拌。

3. 再取一只碗，加入马斯卡彭奶酪、重奶油、糖粉、香草精和剩下的¼杯咖啡酒，搅拌至融合，注意不要过度搅拌。

4. 将咖啡混合物均匀地刷在冷却的蛋糕表面。在蛋糕顶部涂上奶酪混合物，再撒上碎巧克力。

5. 将蛋糕放在密封容器中冷藏4小时至4天。在食用前将蛋糕取出，在室温下放置10～15分钟。

巨型麦芽糖巧克力片蛋糕

这款巨型蛋糕顶部是糖果和巧克力，好吃又好看，适合特别爱好甜食的孩子。如果找不到巨型杯子蛋糕模具用的蛋糕纸杯，可以喷上防粘喷雾。

配料：

1⅔杯中筋面粉

⅔杯麦乳精

½杯砂糖

¼杯黄糖

2小勺泡打粉

¼小勺盐

½杯全脂牛奶

6大勺无盐黄油，融化

2只大鸡蛋，置于室温下

1小勺香草精

约113g半甜巧克力，切碎

巧克力麦芽奶油（见第99页）

巧克力麦芽球糖果，切碎，装饰用，可选

约制成6个巨型蛋糕

1. 将烤箱预热至180℃。在6杯杯子蛋糕模具中放上纸杯托。

2. 取一只小碗，加入面粉、麦乳精、砂糖、黄糖、泡打粉和盐混合搅拌。

3. 再取一只碗，加入牛奶、融化的黄油、鸡蛋和香草精。将牛奶混合物加入面粉混合物中，用电动搅拌机的中速挡搅拌至融合，将粘在碗边的面糊刮到碗中。再加入碎巧克力搅拌。

4. 将面糊均匀地分装到模具中，每杯约½杯满即可。烘烤至蛋糕呈浅金色，牙签插入中心后取出不粘面糊即可，用时25～28分钟。将杯子蛋糕模具放在架子上冷却5分钟。然后将蛋糕取出，转移到架子上直至完全冷却，用时约1小时。

5. 用奶油糖霜装饰蛋糕（装饰后的蛋糕放在密封容器中可冷藏保存3天，食用前取出置于室温下）。还可以在蛋糕顶部放上切碎的巧克力麦芽球糖果装饰。

迷你太妃糖布丁蛋糕 ● ● ● ● ● ● ● ● ● ● ● ● ● ● ● ● ● ● ●

这款蛋糕虽然尺寸迷你，但味道却一点都不迷你，充满了香甜、浓郁的坚果香味。因为蛋糕顶部的山核桃顶料非常黏，所以最好用叉子吃这个蛋糕，或者用餐巾纸包着吃。

配料：

1杯去核红枣，切碎

1小勺香草精

¾小勺小苏打

¾杯开水

1½杯中筋面粉

2小勺泡打粉

¼小勺盐

6大勺无盐黄油，置于室温下

¾杯砂糖

2只大鸡蛋，置于室温下

½杯山核桃，烘烤（见第2页）切碎

1杯黄糖

6大勺重奶油

约制成24个迷你蛋糕

1. 将烤箱预热至180℃。在24杯杯子蛋糕模具中喷上防粘喷雾。

2. 取一只小碗，加入红枣、香草精和小苏打，混合搅拌。将开水浇在枣上，并冷却至室温。

3. 另取一只碗，在碗中加入6大勺黄油和砂糖，用电动搅拌机的中高速挡搅拌至混合物变得轻盈蓬松，用时2～3分钟。再加入鸡蛋，搅拌至融合。

4. 将面粉混合物倒入黄油混合物中，并低速搅拌至融合。将粘在碗边的面糊刮到碗中。然后加入红枣混合物搅拌。

5. 将面糊均匀地分装到模具中，每杯约⅔杯满即可。烘烤至蛋糕呈金色，蛋糕中心固定成型，用时12～15分钟。

6. 将杯子蛋糕模具放在架子上冷却5分钟。然后将蛋糕取出转移到架子上冷却，用时10～15分钟（冷却的蛋糕放在密封容器中可冷藏保存3天，食用前将蛋糕放入烤箱，调至120℃加热10分钟）。

7. 趁蛋糕温热的时候，取一只平底锅，在锅中加入山核桃、黄糖和重奶油，用中高火加热。不停搅拌至糖融化。再趁热将山核桃混合物浇在蛋糕顶部即可。

冰淇淋蛋糕

如果还没来得及将饼干做成杯状，饼干就已经冷却变脆，可以将饼干放回烤箱中烤几分钟，至重新变软。如果饼干杯碎了，可以用剩下的面团重新烤制饼干。

配料:

香草蛋糕面糊（见第17页）

约1L冰淇淋或雪芭，如覆盆子或巧克力味道，稍微软化

彩色糖果，装饰用，可选

饼干杯配料:

4大勺无盐黄油

¼杯玉米糖浆

¼杯糖

¼杯中筋面粉

1小撮盐

约制成蛋糕12个

1. 将烤箱预热至180℃。在3个大的烤盘中铺上烘焙纸。

2. 要制作饼干杯，先取一只平底锅，在锅中加黄油、玉米糖浆和糖，用中高火加热至煮沸，不停搅拌使糖完全溶解。

3. 将锅从火上取下，加入面粉和盐用打蛋器搅拌至融合，并使混合物完全冷却，用时约30分钟。舀出一勺面糊倒在烘焙纸上。

4. 用同样方法在每张烘焙纸上均匀地舀4勺面糊（会有面糊剩余）。每次烘烤一盘饼干，至饼干成金色，用时约10分钟。冷却至边缘变硬，约1～2分钟。此时马上用小刮刀将饼干移出，放入杯子蛋糕模具的杯中，沿边缘慢慢按压成型。待饼干杯冷却至室温后，将它们从模具中取出。

5. 向杯子蛋糕模具中喷防粘喷雾。将面糊均匀地分装到模具中，每杯约¾满即可。烘烤至蛋糕呈浅金色，牙签插入中心后取出不粘面糊即可，用时18～20分钟。将杯子蛋糕模具放在架子上冷却5分钟，然后将蛋糕取出，转移到架子上直至完全冷却，用时约1小时。

6. 准备食用前，将蛋糕放入饼干杯中，需要的话可以修整蛋糕边缘。取一球冰淇淋放在蛋糕顶部。还可以撒上彩色糖果装饰，这样美味的蛋糕就完成了。

复活节蛋巢蛋糕

烘烤后的椰丝不仅使蛋糕的外形别具一格，而且口感绝佳。复活节蛋形糖果的尺寸有多种选择，只要选择适合蛋巢大小的即可。

配料：

¾杯甜椰丝

1¼杯中筋面粉

1¼小勺泡打粉

¼小勺盐

¼杯酸奶油

2大勺植物油

½小勺香草精

¾杯糖

6大勺无盐黄油，置于室温下

2只大鸡蛋，置于室温下

杏仁奶油（见第99页）

复活节彩蛋糖果

约制成蛋糕12个

1. 将烤架放入烤箱中，预热至180℃。将椰丝铺在烤盘上，烘烤至呈浅棕色，用时约8分钟。在标准的12杯杯子蛋糕模具中放上纸杯托。

2. 将面粉、泡打粉和盐放入大碗中混合搅拌。

3. 取一只小碗，加入酸奶油、油和香草精，再取一只碗，加入黄油和糖，用电动搅拌机的中高速挡搅拌至混合物变得轻盈蓬松，用时2～3分钟。

4. 分次加入鸡蛋，每加入一个后都要搅拌均匀。分3次将面粉混合物倒入黄油混合物中，分2次加入牛奶，低速搅拌至融合。将粘在碗边的面糊刮到碗中。

5. 将面糊均匀地分装到模具中，每杯约¾满即可。烘烤至蛋糕呈浅金色，牙签插入中心后取出不粘面糊即可，用时18～20分钟。将杯子蛋糕模具放在架子上冷却5分钟。然后将蛋糕取出，转移到架子上直至完全冷却，用时约1小时。

6. 将奶油涂在蛋糕顶部。再围上一圈椰丝，在椰丝中间放上一颗彩蛋糖果（完成后的蛋糕放在密封容器中可冷藏保存2天，食用前置于室温下）。

独立日蛋糕

蛋糕上的新鲜醋栗像宝石一样美丽，闪闪发光，在红色、白色和蓝色的衬托下，更增添了节日气氛。

所需食材：

香草蛋糕（见第17页）

奶油乳酪糖霜（见第100页）

½杯红醋栗（见注）

½杯白醋栗（见注）

½杯黑醋栗（见注）

星形装饰，可选

约制成蛋糕12个

1. 按食谱烘烤和冷却蛋糕，备用。

2. 将奶油装饰在蛋糕顶部。关于裱花技巧，见第10～11页（装饰后的蛋糕放在密封容器中可冷藏保存2天，食用前置于室温下）。在蛋糕顶部均匀地放上三种醋栗。还可以用星星装饰蛋糕、蛋糕盘。

注：在农贸市场和特产杂货店可以买到醋栗。它们夏季上市，正赶上独立日的庆典活动。如果找不到醋栗，可以用草莓、覆盆子和蓝莓代替。

万圣节蛋糕

魔鬼蛋糕和蛛网的搭配非常适合做万圣节蛋糕。蛛网可用浅橙色食用色素膏做成（关于食用色素的更多信息，见第3页）

配料：

魔鬼蛋糕（见第22页，不淋巧克力淋浆）

巧克力淋浆配料：

½杯重奶油

1大勺玉米糖浆

1小撮盐

约226g牛奶巧克力，切碎

香草淋浆（见第106页）

12个软糖或者甘草做成的蜘蛛（见注）

约制成12个蛋糕

1. 按食谱烘烤和冷却蛋糕，备用。

2. 制作淋浆。取一只小平底锅，加入奶油、玉米糖浆和盐，用中高火加热至沸腾。将锅从火上取下，加入巧克力，静置3分钟。再用橡胶刮刀搅拌，至巧克力融化，混合物变得柔滑。将巧克力淋浆转移到小碗中，冷却至室温，约15分钟。

3. 将香草淋浆倒入烘焙纸卷筒或者小的裱花袋中，尖端剪开小口。

4. 将巧克力淋浆浇在蛋糕顶部。用香草淋浆在每个蛋糕顶部画出蛛网图案（见第12页）（淋浆后的蛋糕可放在密封容器中冷藏3天，食用前取出置于室温下）。最后在蛋糕周围放上蜘蛛即可。

注：可以用软糖做蜘蛛装饰，但如果想要更加逼真的效果可以用甘草做。准备36根2.5cm长的黑色甘草，纵向对切开。用木扦子在12个甘草糖果的前后面各扎出3个孔，然后将切开的甘草的一端塞入孔中，每个孔塞一片甘草。

圣诞薄荷蛋糕

这是一款冬日主题蛋糕，碎薄荷糖藏在糖霜下面，若隐若现。红色、绿色的糖果和顶部的奶油互相映衬，增添了更浓厚的节日气氛。

配料：

1¼杯中筋面粉

1¼小勺泡打粉

¼小勺盐

1杯糖

6大勺无盐黄油，置于室温下

1只大鸡蛋加1个蛋清，置于室温下

1小勺薄荷香精

½杯全脂牛奶

基础奶油糖霜（见第98页）

¾杯碎薄荷糖

约制成蛋糕12个

1. 将烤架放入烤箱中，预热至180℃。在标准的12杯杯子蛋糕模具中放上纸杯托。

2. 将面粉、泡打粉和盐放入碗中混合搅拌。

3. 再取一只碗，加入糖和黄油，用电动搅拌机的中高速挡搅拌至混合物变得轻盈蓬松，用时2~3分钟。加入鸡蛋、蛋清和½小勺薄荷香精，搅拌均匀。

4. 分3次将面粉混合物倒入黄油混合物中，分2次加入牛奶，低速搅拌至融合。将粘在碗边的面糊刮到碗中。

5. 将面糊均匀地分装到模具中，每杯约¾满即可。烘烤至蛋糕呈浅金色，牙签插入中心后取出不粘面糊即可，用时18~20分钟。将杯子蛋糕模具放在架子上冷却5分钟。然后将蛋糕取出，转移到架子上直至完全冷却，用时约1小时（冷却后的蛋糕放在密封容器中可冷藏保存3天，食用前置于室温下）。

6. 将剩下的½小勺薄荷香精倒入基础奶油中，用打蛋器搅拌至融合。在冷却的蛋糕顶部放上碎薄荷糖果，糖果上面挤上奶油即可。

糖霜，馅料和装饰

基础奶油糖霜

这款奶油味道浓郁，口感略甜，可以提前做好放在密封容器中冷藏5天。在准备使用前，取出放在室温下，用中低速搅拌至柔滑。

配料：

3只蛋清，置于室温下

¾杯糖

1小撮盐

1杯无盐黄油，切成16块，置于室温下

不同口味配料（见右页）

约制成2杯

1. 取一只大的隔热碗，放入蛋清和糖。将碗放在锅中沸水上（不接触），加热混合物，并不停搅拌至糖完全融化，混合物温度达80℃左右，用时约2分钟。

2. 将碗从锅中取出，用电动搅拌机的高速挡搅拌至蛋白变得轻盈蓬松，然后冷却至室温，注意使蛋白霜保持湿性发泡状态（看起来不应干燥），用时约6分钟。

3. 在蛋白霜中加入盐和黄油，黄油分次加入，每次加入后用搅拌机的中低速搅拌。如果全部黄油加入后，混合物水油分离或者变稀，可继续高速搅拌至混合物融合呈乳脂状，用时3～5分钟，将粘在碗边的面糊刮到碗中。建议立即使用。

各种口味的糖霜 ●●●●●●●●●●●●●●●●●●●●●●●●●●●●●●●

如果要做各种口味的糖霜，先按照左页的食谱做成基础奶油糖霜，待奶油完全融合后，添加各种所需配料即可。

杏仁奶油：½小勺香草精和¼小勺杏仁提取物

香蕉奶油：2个熟香蕉捣碎加2大勺酸奶油

焦糖奶油：焦糖淋浆（见第108页）

巧克力奶油：将2大勺无糖可可粉放入约100克半甜巧克力中，融化并稍微冷却（见第64页）

巧克力麦芽奶油：将2大勺无糖可可粉放入约100g半甜巧克力中，融化并稍微冷却（见第64页），再加入¼杯麦乳精混合搅拌至融化

巧克力薄荷奶油：½小勺薄荷香精和2大勺无糖可可粉放入约100g半甜巧克力中，融化并稍微冷却（见第64页）

椰子奶油：½小勺椰子香精

咖啡奶油：½杯煮好的浓咖啡，置于室温下

朗姆酒奶油：1½杯黑朗姆酒

草莓奶油：⅓杯草莓果酱和6滴食用色素

香草奶油：从½个香草荚中取出的香草籽和（或）1小勺香草精

白巧克力奶油：约100g白巧克力，融化并稍微冷却（见第64页）

奶油乳酪糖霜

奶油乳酪糖霜香甜、味道稍浓，做法非常简单。而且可以和多种不同种类的蛋糕搭配。要得到丝滑的口感，不要忘记将糖粉筛一下。

配料：

约340g奶油乳酪，置于室温下

6大勺无盐黄油，置于室温下

½小勺香草精

1杯糖粉，过筛

约制成2杯

1. 将奶油乳酪、黄油和香草精放入碗中混合，用电动搅拌机的中高速挡搅拌至混合物变得轻盈蓬松，用时约2分钟。

2. 慢慢地加入糖，搅拌至完全融合，将粘在碗边的奶酪刮到碗中。立即使用。如果此时混合物太软可以将其冷藏至混合物容易涂开，约15分钟。

奶油山核桃乳酪糖霜：将½杯烘烤好的山核桃（见第2页）冷却，切碎转移到1个小碗中。取一只平底锅，加入4大勺无盐黄油，开中低火，不停搅拌，至散发香味且呈棕色，用时3～4分钟。将棕色黄油倒在碎核桃上面，并加上1小撮盐，翻动，使黄油裹住核桃仁，冷却至室温。将冷却的奶油核桃倒入做好的奶油乳酪糖霜中，搅拌至融合。

蜂蜜奶油乳酪糖霜：按照配方制作奶油乳酪糖霜，将配方中的糖粉减少至½杯。将2大勺蜂蜜同糖粉一起加入。

花生酱糖霜 ●

如果你觉得花生酱不够好，那么就试试花生酱糖霜吧。要得到浓郁的花生味道，不妨使用天然的或者老式的花生酱，在使用前，要确保花生酱已经搅拌均匀。

配料：

6大勺无盐黄油，置于室温下

¾杯糖粉，过筛

¾杯柔滑花生酱

¼杯重奶油

约制成 1 ½杯

1. 将无盐黄油、糖粉、花生酱和重奶油放入碗中混合。

2. 用电动搅拌机的中低速挡搅拌至混合物融合顺滑，用时约2分钟；将粘在碗边的酱刮到碗中。立即使用（花生酱放在密封容器中可保存4天，食用前置于室温下）。

蛋白酥皮

蛋白酥皮泛着白色光泽，轻如空气。可以变成卷状或山峰状，还可以用喷枪烤成浅棕色，装饰在蛋糕顶部。蛋白酥皮不易保存，所以做好后最好立即使用。

配料：

3只蛋清

¾杯糖

2大勺水

1大勺玉米糖浆

½小勺香草精

约制成4杯

1. 取一只大的隔热碗，放入蛋清、糖、水和玉米糖浆，混合。

2. 将碗放在锅中沸水上（不接触），加热混合物，并不停搅拌至糖完全融化，混合物温度达80℃左右，用时约2分钟。

3. 将碗从锅中取出。然后用电动搅拌机的高速挡搅拌至混合物体积膨胀、有光泽，用时约5分钟。再加入香草精搅拌至融合。建议立即使用。

棉花糖霜

想得到柔滑蓬松的糖霜，就要确保在加热蛋清混合物时使糖完全融化。而且在加入棉花糖时要确保混合物仍是温热的，这样才能使棉花糖充分融解。

配料：

2只大蛋清

1杯糖

6大勺水

1大勺玉米糖浆

½小勺塔塔粉

1小撮盐

1杯迷你棉花糖

1小勺香草精

约制成5杯

1. 取一只大的隔热碗，放入蛋清、糖、水、玉米糖浆、塔塔粉和盐。

2. 将碗放在锅中沸水上（不接触），加热混合物，并不停搅拌至糖完全融化，混合物温度达80℃左右，用时约2分钟。

3. 将碗从锅中取出。然后用电动搅拌机的高速挡搅拌至混合物形成湿性发泡，用时约2分钟。再调至低速，加入棉花糖和香草精，继续搅拌至棉花糖融化，糖霜变得柔滑，用时约2分钟。此时建议立即使用。

甜奶油

甜奶油几乎可以搭配所有甜点，用作蛋糕顶料也非常合适。如果使用冷却的碗和搅拌器来打发奶油，效果更好。

配料：

1杯冷的重奶油

2大勺糖粉

约制成1½杯

1. 取一只冷却的碗，加入奶油和糖。

2. 用电动搅拌机的低速挡搅拌至混合物变浓稠，用时1~2分钟。然后慢慢加速至中高速，继续搅拌至奶油充分打发，用时2~3分钟。建议立即使用。

蜂蜜掼奶油：和甜奶油的制作方法一样，只需将其中的糖粉用2大勺蜂蜜代替即可。

德国巧克力顶料

这个顶料可以说是德国巧克力蛋糕或者杯子蛋糕中最美味的部分，因为它结合了椰丝的嚼劲、烤核桃的松脆和奶油的香浓。

配料：

¾杯淡奶

½杯黄糖

½杯无盐黄油，切成8块

1⅓杯甜椰丝

1杯山核桃，烘烤（见第2页），切碎

1小撮盐

约制成3杯

1. 取一只小平底锅，加入淡奶、黄糖和黄油，用中高火加热，不停搅拌至微沸。

2. 将锅从火上取下，加入椰丝、山核桃和盐继续搅拌，冷却至室温后使用。

香浓巧克力淋浆 ●

这种光滑而有光泽的巧克力淋浆常常作为蛋糕馅料使用，或者单独作为蛋糕顶料，或和其他糖霜一起做顶料，用途非常广。如果想尝到最浓郁最正宗的巧克力味道，就选择你能找到的质量最好的半甜巧克力。

配料：

1杯重奶油

1大勺玉米糖浆

1小撮盐

约230g半甜巧克力, 切碎

约制成1¾杯

1. 取一只小平底锅，加入奶油、玉米糖浆和盐，用中高火加热至微沸。

2. 将锅从火上取下，加入巧克力，静置3分钟。

3. 用木勺搅拌混合物至巧克力完全融化，混合物质地变柔滑。让混合物冷却至室温，建议立即使用（冷却后的淋浆放在密封容器中可冷藏保存3天，在使用前先将淋浆放入隔热碗中，将碗放在锅中沸水上，注意不与沸水接触，加热混合物）。

黏巧克力淋浆 ●

这款淋浆中的甜炼乳使得它跟香浓巧克力淋浆相比更黏也更甜。确保使用的甜炼乳是普通甜炼乳，而不是脱脂或者低脂的，否则会影响口感。

配料：

⅔杯甜炼乳

约230g半甜巧克力, 切碎

2大勺无盐黄油, 切成2块

约制成1½杯

1. 取一只小平底锅，加入甜炼乳、巧克力和黄油，用中高火加热，并不停搅拌至巧克力融化，混合物冒泡，用时3~4分钟。

2. 将锅从火上取下，将淋浆稍微冷却后再使用（冷却后的淋浆可以放在密封容器中冷藏5天，在使用前先将淋浆放入隔热碗中，将碗放在锅中沸水上，注意不与沸水接触，加热混合物）。

香草淋浆

香草籽赋予了淋浆更加浓郁的香草香味，也使淋浆颜色柔美。这款淋浆或者相似的淋浆稍微放置就会变硬变干，所以做好后要立即使用。

配料:

1杯糖粉, 如需要可增加

2大勺全脂牛奶, 如需要可增加

1小勺香草精

约制成1杯

将糖粉、牛奶和香草精放入碗中混合搅拌至融合，淋浆要容易涂开。如果看起来太浓稠，可再加入一些牛奶，每次加几滴，加入后搅拌；如果看起来太稀，可再加入糖，每次加一勺，加入后搅拌。做好后立即使用。

柠檬淋浆：按照香草淋浆的制作方法，只需将其中的牛奶换成新鲜柠檬汁，将香草换成2小勺碎柠檬皮。

枫糖浆：按照香草淋浆的制作方法，将牛奶量减至1大勺，香草精用2小勺枫糖代替。

玫瑰水淋浆：按照香草淋浆的制作方法，将牛奶量减至1大勺，香草精用1小勺玫瑰水代替，再加入2滴红色食用色素。

柑橘淋浆：按照香草淋浆的制作方法，将牛奶用鲜榨柑橘汁代替，香草精用2小勺磨碎的柑橘皮代替即可。

西柚或酸橙凝乳

如果你要做西柚凝乳，用红色西柚，因为它会给凝乳带来美丽的粉红色。在磨碎果皮时，确保去掉的只是果皮上带颜色的部分，不要去掉紧贴果皮的白髓。

配料:

6大勺新鲜的柚子或酸橙汁

½杯糖

4只大蛋黄

1小撮盐

4大勺无盐黄油,切成4块

2小勺磨碎的西柚或酸橙皮

约制成1杯

1. 将柚子汁和酸橙汁、糖、蛋黄和盐放在厚底平底锅中，用打蛋器搅拌均匀。

2. 用中高火加热混合物，并不停搅拌，将粘在锅边的凝乳刮到锅中，搅拌至凝乳变浓稠，可覆在勺子上，用时5～8分钟。注意不要将凝乳煮沸（煮沸后会结成块状）。

3. 从火上取下锅，加入黄油，每次一块，加入后搅拌至融合。通过细网筛将凝乳筛入碗中。

4. 加入碎柚子或酸橙果皮，并紧贴表面盖严保鲜膜。冷藏凝乳至彻底冷却，至少需要1小时，最多可保存3天。

焦糖淋浆

浓郁、微甜的焦糖淋浆使最平凡的蛋糕变得与众不同。制作焦糖淋浆时，一旦开始变色就要密切关注，因为焦糖淋浆很快会变成深色。颜色越深，味道就会越苦。

配料:

1½杯糖

1¼杯重奶油

1小撮盐

约制成2½杯

1. 将糖放在厚底深锅中，用中高火加热，并不停搅拌至边缘处开始融化，约5分钟。再用干净的木勺搅拌，继续加热至糖融化并变成金黄色，用时约3分钟。

2. 慢慢地将奶油沿锅边倒入锅中（可能会起泡飞溅），并不停搅拌至混合物柔滑。再加入盐。将焦糖倒入小的隔热碗中，待其完全冷却后再使用（焦糖放在密封容器中可冷藏保存1周，使用前取出置于室温下）。

蜜饯西柚果皮

西柚粉红的色调使得做成的蜜饯果皮十分美丽，但其他类型的柚子也可以。此方法也可用于制作蜜饯柠檬皮，蜜饯酸橙皮，或蜜饯桔皮（大约用3个柠檬或酸橙或2个橘子）。

配料：

1个西柚

3杯糖

约制成24片

1. 将柚子四等分，取出果肉，剥下果皮，果肉留作他用。将果皮切成3cm宽的条状。

2. 在锅中放入四分之三满的水，用大火烧。加入柚子果皮煮沸，约4分钟。再沥去水放在冷水下冲洗。重复此步骤2次，用新鲜的流动水去除果皮上的苦味。

3. 将2杯糖、1½杯水和冲洗好的柚子皮倒入锅中。用中低火加热煮沸至果皮变软，呈半透明状，约30分钟。将锅从火上移下，让糖浆中的果皮冷却至室温。

4. 用漏勺或钳子，将柚子皮转移到放在架子上的烤盘中，倒掉糖浆。让果皮静置至不潮湿，且触感只是略黏，约2小时。

5. 将剩余的1杯糖倒在钱盘中。在糖浆中翻动果皮，直到所有果皮都被完全包覆。然后将果皮转移到一个干净架子上，使其干燥1小时（做好的蜜饯果皮放在密封容器中可在室温下放置5天）。

糖花&花瓣

选择未喷洒农药的有机可食用花卉制作，确保在使用之前，花朵是完全干燥的。如果你喜欢，可以用2大勺经巴氏杀菌后的蛋清来代替生蛋清。

配料：

1只大蛋清

24朵有机可食用花朵或花瓣，如紫罗兰、蝴蝶花和玫瑰花瓣

1杯超细砂糖

约制成24朵糖花或花瓣

1. 将蛋清放入小碗中，加入少许水，用打蛋器搅拌至起泡。然后用一个小画笔，轻轻地在每朵花或者花瓣上涂满蛋清混合物。

2. 将糖粉均匀地洒在花或者花瓣上，使花朵和花瓣完全被覆盖，然后转移至铺着烘焙纸的烤盘中晾干，约需1小时（糖花或花瓣可以放在密封容器中，在室温下保存1小时）。

蜜饯胡萝卜 ∙∙∙∙∙∙∙∙∙∙∙∙∙∙∙∙∙∙∙∙∙∙∙∙∙∙∙∙∙∙∙∙∙∙∙∙∙

用蜜饯胡萝卜来装饰胡萝卜蛋糕既有趣又可爱（见第25页）。你可以在杂货店或者超市买到我们需要的新鲜带绿叶的胡萝卜。

配料:

1根带绿叶的胡萝卜

½杯糖

约制成12个蜜饯胡萝卜

1. 剪下胡萝卜顶部绿叶，备用。然后将胡萝卜去皮，用蔬菜削皮器将胡萝卜削成12条宽条，备用。

2. 取一只平底锅，加入糖和½杯水，用中高火加热至煮沸，并不停搅拌。

3. 待糖溶解后，加入胡萝卜条，将火调至中低火，并煮沸至胡萝卜呈半透明状，约10分钟。然后让胡萝卜在糖浆中完全冷却（糖浆中的胡萝卜放在密封容器中可冷藏保存4天）。

4. 准备使用前，将胡萝卜条从糖浆中取出。首先将胡萝卜紧紧卷起来，然后慢慢将卷松开，使其呈细长锥型。将备用的胡萝卜叶子修剪并放在圆锥体的开口端。用同样的方法处理剩下的胡萝卜条。

创意蛋糕

本书包括制作蛋糕所需的各种材料，浇上糖霜或者淋浆的蛋糕，或者填充了馅料的蛋糕。但是不要局限于这些建议。蛋糕可以填充其他馅料，顶部可以浇其他糖霜，尝试各种装饰方法。

下面是一些具有创意的蛋糕制作配方，包括了基础蛋糕、顶料和装饰。

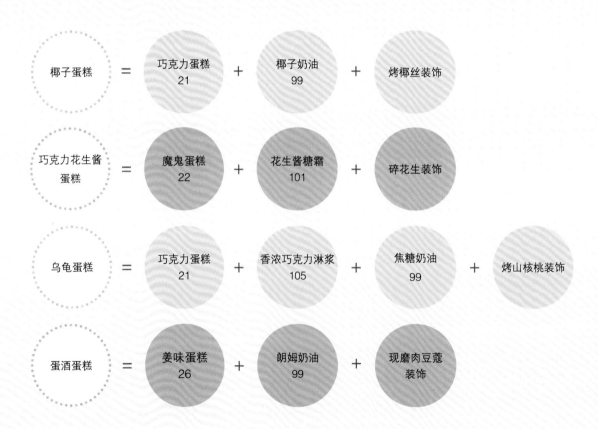

椰子蛋糕 = 巧克力蛋糕 21 + 椰子奶油 99 + 烤椰丝装饰

巧克力花生酱蛋糕 = 魔鬼蛋糕 22 + 花生酱糖霜 101 + 碎花生装饰

乌龟蛋糕 = 巧克力蛋糕 21 + 香浓巧克力淋浆 105 + 焦糖奶油 99 + 烤山核桃装饰

蛋酒蛋糕 = 姜味蛋糕 26 + 朗姆奶油 99 + 现磨肉豆蔻装饰

三明治蛋糕 = 巧克力蛋糕 21 + 棉花糖霜 103 + 全麦饼干屑装饰

热巧克力蛋糕 = 熔岩巧克力蛋糕 68 + 香草冰淇淋 + 甜奶油 104 + 马拉斯奇诺樱桃

焦糖蛋糕 = 香草蛋糕 17 + 焦糖奶油 99 + 焦糖淋浆 108

柠檬情人蛋糕 = 柠檬罂粟籽蛋糕 32 + 柠檬凝乳馅料 + 柠檬淋浆 106 + 蜜饯柠檬皮

薄荷巧克力布朗尼圣代 = 迷你巧克力薄荷蛋糕 67 + 香草冰淇淋 + 热巧克力酱

展示你的蛋糕

装饰蛋糕是很轻松的，对于休闲聚会来说，可以简单地将蛋糕放在彩色的纸杯中。如果想更精美一些，可以将蛋糕摆放在与蛋糕造型搭配的小冷盘中或者垫盘中。如果想展示一组蛋糕，可以将它们放在大平盘或者大拼盘中。如果想更隆重一些，可以将蛋糕放在蛋糕台或者分层蛋糕架上。

如果需要运输蛋糕，要提前烘烤好蛋糕并浇上顶料，然后将它们冷藏。冷藏后的蛋糕比较结实稳固，不容易在运输途中被损坏。将蛋糕放回杯子蛋糕模具中更稳当一些，然后用一张大锡箔纸盖住。为了更保险，还可以在铺锡箔纸之前在蛋糕的四个角都插上牙签（这样可以防止锡箔纸碰坏蛋糕表面），另一个好办法是选择一个比蛋糕高的宽平的容器，如蛋糕店的蛋糕盒或者馅饼盒。试着将蛋糕放在较紧密的空间，这样蛋糕不容易翻倒。当然最好最安全的方法是放在专门的蛋糕容器中，有密封的盖子和把手，能够将运输过程中可能有的损失降至最小。

如何将一个蛋糕放在餐盒中始终是个难题。可以选择专门的放置一个蛋糕的容器，也可以选择一个小型的熟食店用的塑料容器。还可以将一个蛋糕包装起来放在一个彩色的中国式外卖盒中，当然也可以用蝴蝶结加以装饰。

图书在版编目（CIP）数据

杯子蛋糕 /（美）康顿斯基著；张云燕译. —— 海口:
南海出版公司, 2015.1（2015.5重印）
（甜品时间）
ISBN 978-7-5442-5848-7

Ⅰ. ①杯… Ⅱ. ①康… ②张… Ⅲ. ①蛋糕－制作
Ⅳ. ①TS213.2

中国版本图书馆CIP数据核字(2014)第000884号

著作权合同登记号　图字：30-2014-128

TITLE：Cupcakes
BY：Shelly Kaldunski
Copyright © 2008 Weldon Owen Inc.
Original English language edition published by Weldon Owen Inc.
All rights reserved.No part of this book may be reproduced in any form without the written permission of the
copyright owners.
Chinese translation rights arranged with Weldon Owen Inc.
Weldon Owen wishes to thank the following people for their generous support in producing this book: Daniele Maxwell,
Tony Jett, Lillian Kang, Kate Washington, Lesli Neilson,Ken DellaPenta,Donita Boles and Andera Stephany.
本书中文简体版专有出版权经由中华版权代理中心代理授予北京书中缘图书有限公司。

TIANPIN SHIJIAN: BEIZI DANGAO
甜品时间：杯子蛋糕

策划制作：北京书锦缘咨询有限公司（www.booklink.com.cn）
总 策 划：陈　庆
策　　划：邵嘉瑜

作　　者：【美】雪莉·康顿斯基
译　　者：张云燕
责任编辑：张　媛　王雅竹
排版设计：季传亮
出版发行：南海出版公司 电话：（0898）66568511（出版）　65350227（发行）
社　　址：海南省海口市海秀中路51号星华大厦五楼　邮编：570206
电子信箱：nhpublishing@163.com
经　　销：新华书店
印　　刷：北京美图印务有限公司
开　　本：889毫米×1194毫米　1/24
印　　张：5
字　　数：80千
版　　次：2015年1月第1版　　2015年5月第2次印刷
书　　号：ISBN 978-7-5442-5848-7
定　　价：36.00元